WPS案例教程

主　编　沈忠菊　张代英
副主编　罗久燕　吴玉蓉　李　卫　余朝宽
参　编　刘昆杰　辜永贵　陈　佳　龚生木
　　　　黄丽娜　唐　冰

華中科技大學出版社
http://press.hust.edu.cn
中国·武汉

内容提要

本书旨在帮助初学者掌握WPS Office的基础知识和实用技能，以图文并茂的方式介绍WPS Office的各项功能和应用场景。

全书分为WPS文字篇、WPS表格篇和WPS演示篇三大模块，讲解了WPS Office的文字文档编辑、电子表格管理、演示文稿制作以及PDF输出功能。

本书是计算机平面设计专业和计算机应用专业学生的教学用书，也可以作为信息技术类、文秘类等相关专业学生的辅助教材。

图书在版编目(CIP)数据

WPS 案例教程 / 沈忠菊, 张代英主编 . -- 武汉 : 华中科技大学出版社, 2024. 8. -- ISBN 978-7-5772-1132-9

Ⅰ. TP317.1

中国国家版本馆 CIP 数据核字第 2024TU2530 号

WPS 案例教程
WPS Anli Jiaocheng

沈忠菊　张代英　主编

策划编辑：胡天金
责任编辑：王炳伦
封面设计：旗语书装
责任校对：刘　竣
责任监印：朱　玢
出版发行：华中科技大学出版社（中国・武汉）　　电话：（027）81321913
武汉市东湖新技术开发区华工科技园　　邮编：430223
录　　排：华中科技大学出版社美编室
印　　刷：武汉科源印刷设计有限公司
开　　本：889mm×1194mm　1/16
印　　张：10
字　　数：229 千字
版　　次：2024 年 8 月第 1 版第 1 次印刷
定　　价：49.80 元

华中出版

本书若有印装质量问题,请向出版社营销中心调换
全国免费服务热线:400-6679-118　竭诚为您服务

PREFACE

前　言

在职业教育改革不断推进的背景下，职业教育教学越来越注重学生的实践能力和应用技能的培养。本教材以WPS Office的实际应用案例为核心，通过具体案例的讲解，培养学生解决实际问题的能力，提高其职业素养。

本教材以案例为引导，通过具体的实例来展示WPS Office的各种功能和应用技巧。每个案例都按照实际工作场景和任务需求进行设计，具有很强的实用性。同时，本教材注重案例的难易程度，确保学生在掌握WPS Office基本操作的基础上，逐步提高WPS Office的应用技能。

首先，本教材的编写注重可操作性，通过具体的案例和实践使学生掌握软件的应用技能；其次，本教材的编写也注重系统性，WPS软件的功能非常丰富，但不可能面面俱到，教材选取了最具代表性的功能进行讲解，并注重各功能之间的联系和配合使用，使学生能够系统地掌握WPS软件的使用技能；再次，本教材的编写还注重创新性，采用“模块+案例+任务”的模式，使学生更加主动地参与到学习中，提高学生的学习效率；最后，本教材的编写注重规范性，例如使用标准的术语和格式进行排版和编辑等，使学生能够养成良好的软件使用习惯，提高工作效率和质量。

本教材由沈忠菊、张代英担任主编，罗久燕、吴玉蓉、李卫、余朝宽担任副主编，刘昆杰、韦永贵、陈佳、龚生木、黄丽娜、唐冰等参编。模块一的案例一和案例三由余朝宽、张代英编写，案例二和案例四由李卫编写；模块二的案例一和案例二由沈忠菊编写，案例三至综合应用由吴玉蓉编写；模块三由罗久燕编写；张代英负责全书统稿。本教材的编写完成还要感谢很多同行、专家的支持和帮助。

由于编写时间有限，书中难免存在不足之处。我们真诚地欢迎读者提出宝贵的意见和建议，帮助我们不断提高教材质量。

CONTENTS 目　录

模块一　WPS 文字篇

模块二　WPS表格篇

模块三　WPS演示篇

教学设计

习题

模块一

WPS文字篇

模块一
WPS文字篇课件

案例一

制作主题班会简报

案例背景

时代发展，需要大国工匠；迈向新征程，需要大力弘扬工匠精神。某班开展了“大国工匠，匠心筑梦”的主题班会活动。本案例将围绕此次活动制作一份主题班会简报。

知识技能

完成本案例任务并达成如下目标。

（1）学习文字录入和基本操作的知识。

（2）掌握查找和替换工具的应用方法。

（3）领会样式和边框底纹的设计美感。

（4）能够认识和理解并传承工匠精神。

效果展示

效果展示如图1-1所示。

"大国工匠，匠心筑梦"主题班会

简 报

高二年级（一）班　　　　2022年10月12日

为了弘扬工匠精神，激励同学们脚踏实地、刻苦学习，高二年级（一）班开展了题为***"大国工匠，匠心筑梦"***的主题班会，此次主题班会由班长主持，内容丰富、活动形式多样，全班同学积极参与。

班会开始，班长播放视频《大国工匠》，为同学们介绍了10位大国工匠代表人物的事迹。大国工匠们对工作的热爱、对技术的执着、对国家的忠诚感染着在场的每一位同学。

观看视频后，全班同学分为四个小组，展开激烈的讨论，每个小组派代表发言，谈谈观后感。"他们高超的技能让我们都为之一振，他们在平凡的岗位上，追求职业技能的完美和极致，最终脱颖而出，成为一个领域不可或缺的人才。""社会给予他们赞誉，不仅是因为他们高超的工艺和技术，更因为他们都有着不懈的理想追求。""作为新一代的青年，不管身处何岗位，都要用劳动用双手，为国家事业发展做出贡献。作为中职生的我们，更应当尽早树立良好的职业道德，成就最好的自己。"

班会过程中，同学们还表演了自创小品《出彩中职生》，集体朗诵诗歌《赞美工匠精神》，小组知识竞赛抢答。

最后，班主任做了总结："同学们，我们作为工匠队伍的后备主力军，要努力撑起传承工匠精神的重担，努力践行精益求精的工匠精神，为实现中华民族的伟大复兴作出自己的贡献。"

此次班会，使同学们进一步了解到工匠精神是一个民族、一个国家的底气，更是新时代发展的动力，是每一个人都需要传承的优良品质，激发同学们把工匠精神融入到信念和实践当中。

图1-1

任务实施

文字录入与
字体设置

任务一　文字录入与字体设置

步骤1　打开WPS Office软件，依次点击【首页】→【新建】→【新建文字】→【空白文档】，完成新建空白文档"文字文稿1"，如图1-2所示。也可按快捷键【Ctrl+N】快速创建一个空白文档。

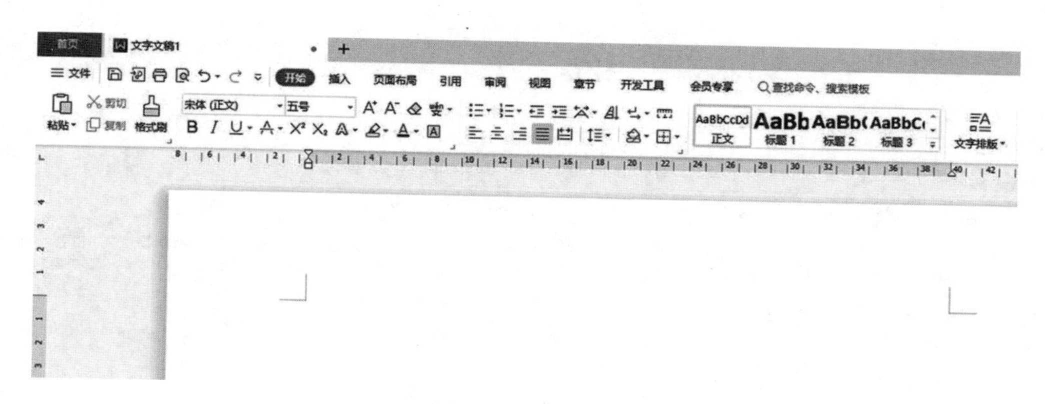

图1–2

步骤2　依次点击【文件】→【保存】，在弹出的对话框中输入“主题班会简报”。也可按快捷键【Ctrl+S】保存文档。

步骤3　在文档中输入“简报”内容，如图1–3所示。

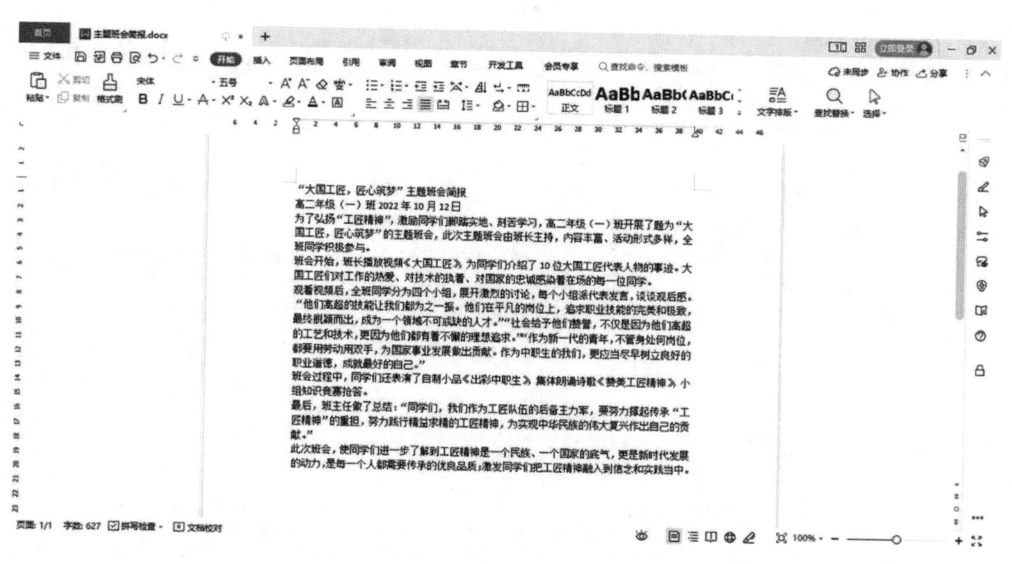

“大国工匠，匠心筑梦”主题班会简报
高二年级（一）班 2022年10月12日
为了弘扬“工匠精神”，激励同学们脚踏实地、刻苦学习，高二年级（一）班开展了题为“大国工匠，匠心筑梦”的主题班会，此次主题班会由班长主持，内容丰富、活动形式多样，全班同学积极参与。
班会开始，班长播放视频《大国工匠》为同学们介绍了10位大国工匠代表人物的事迹。大国工匠们对工作的热爱、对技术的执着、对国家的忠诚感染着在场的每一位同学。
观看视频后，全班同学分为四个小组，展开激烈的讨论，每个小组派代表发言，谈谈观后感。“他们高超的技能让我们都为之一振。他们在平凡的岗位上，追求职业技能的完美和极致，最终脱颖而出，成为一个领域不可或缺的人才。”“社会给予他们赞誉，不仅是因为他们高超的工艺和技术，更因为他们都有着不懈的理想追求。”“作为新一代的青年，不管身处何岗位，都要用劳动用双手，为国家事业发展做出贡献。作为中职生的我们，更应当尽早树立良好的职业道德，成就最好的自己。”
班会过程中，同学们还表演了自制小品《出彩中职生》集体朗诵诗歌《赞美工匠精神》小组知识竞赛抢答。
最后，班主任做了总结：“同学们，我们作为工匠队伍的后备主力军，要努力撑起传承“工匠精神”的重担，努力践行精益求精的工匠精神，为实现中华民族的伟大复兴作出自己的贡献。”
此次班会，使同学们进一步了解到工匠精神是一个民族、一个国家的底气，更是新时代发展的动力，是每一个人都需要传承的优良品质；激发同学们把工匠精神融入到信念和实践当中。

图1–3

步骤4　选中“‘大国工匠，匠心筑梦’主题班会”文字，设置字体为“黑体”“三号”“黑色”“居中对齐”，如图1–4所示。

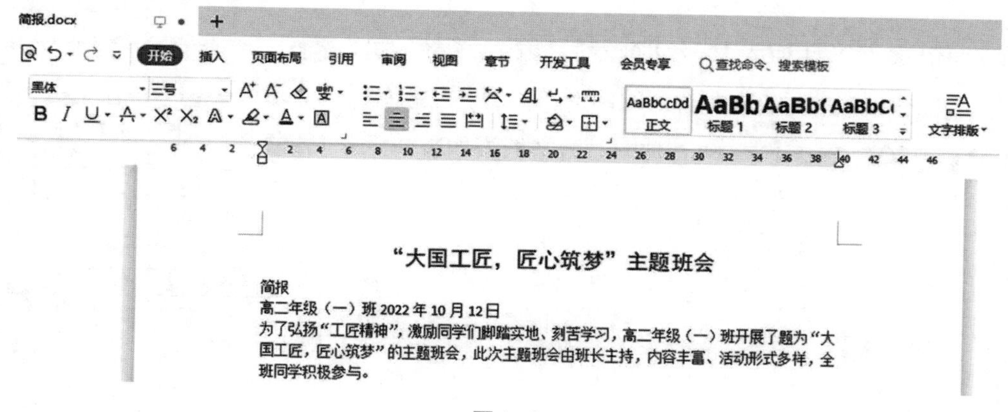

“大国工匠，匠心筑梦”主题班会
简报
高二年级（一）班 2022年10月12日
为了弘扬“工匠精神”，激励同学们脚踏实地、刻苦学习，高二年级（一）班开展了题为“大国工匠，匠心筑梦”的主题班会，此次主题班会由班长主持，内容丰富、活动形式多样，全班同学积极参与。

图1–4

步骤5 选中“简报”文字，设置字体为“隶书”“一号”“深红色”“加粗”“居中对齐”，如图1-5所示。

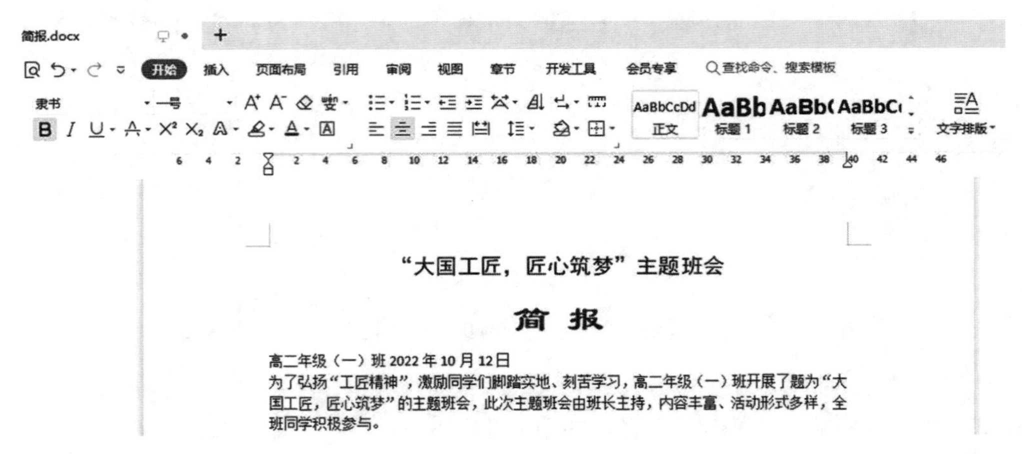

图1-5

步骤6 选中“高二年级（一）班”和“2022年10月12日”，设置字体为“宋体”“小四号”“黑色”，如图1-6所示。

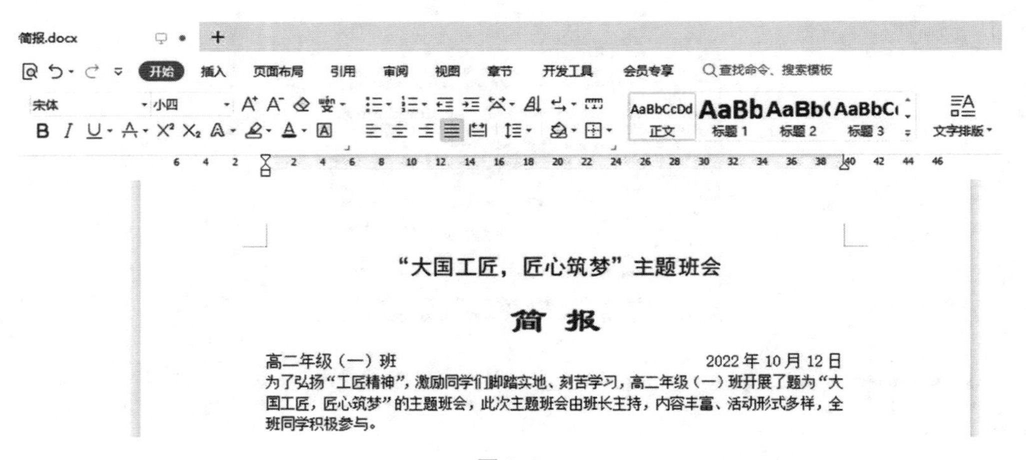

图1-6

步骤7 依次点击【插入】→【符号】，输入“◆”和“◇”符号，如图1-7所示；选中输入的图形符号，按快捷键【Ctrl+C】复制，按快捷键【Ctrl+V】粘贴，为文档添加装饰元素，如图1-8所示。

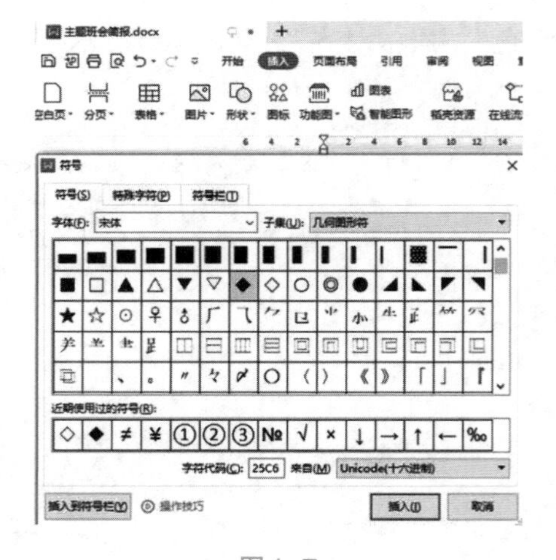

图1-7

开始　插入　页面布局　引用　审阅　视图　章节　开发工具　会员专享　查找命令、搜索模板

AaBbCcDd 正文　AaBb 标题 1　AaBb(标题 2　AaBbC 标题 3　文字排

“大国工匠，匠心筑梦”主题班会

简　报

高二年级（一）班　　2022年10月12日

◆◆◆◇◆◆◆◆◇◆◆◆◆◇◆◆◆◆◇◆◆◆◆◇◆◆◆◆◇◆◆◆◆◇◆◆◆◆◇◆◆◆◆◇◆◆◆◆

为了弘扬“工匠精神”，激励同学们脚踏实地、刻苦学习，高二年级（一）班开展了题为“大国工匠，匠心筑梦”的主题班会，此次主题班会由班长主持，内容丰富、活动形式多样，全班同学积极参与。

图 1–8

文本效果与
边框底纹

任务二　文本效果与边框底纹

步骤 1　选中“简报”下的正文部分，设置字体为“宋体”“小四号”“黑色”。设置段落格式为“首行缩进2字符”“1.5倍行距”“段前0.5行”，如图1–9所示。

段落

缩进和间距(I)　换行和分页(P)

常规

对齐方式(G):　大纲级别(O): 正文文本

方向:　○ 从右向左(F)　◉ 从左向右(L)

缩进

文本之前(R): 0 字符　特殊格式(S):　度量值(Y):

文本之后(X): 0 字符　首行缩进　2 字符

☑ 如果定义了文档网格，则自动调整右缩进(D)

间距

段前(B): 0.5 行　行距(N):　设置值(A):

段后(E): 0 行　1.5 倍行距　1.5 倍

☐ 如果定义了文档网格，则与网格对齐(W)

预览

制表位(T)...　操作技巧　确定　取消

“大国工匠，匠心筑梦”主题班会

简　报

高二年级（一）班　　2022年10月12日

为了弘扬工匠精神，激励同学们脚踏实地、刻苦学习，高二年级（一）班开展了题为“大国工匠，匠心筑梦”的主题班会，此次主题班会由班长主持，内容丰富、活动形式多样，全班同学积极参与。

班会开始，班长播放视频《大国工匠》，为同学们介绍了10位大国工匠代表人物的事迹。大国工匠们对工作的热爱、对技术的执着、对国家的忠诚感染着在场的每一位同学。

观看视频后，全班同学分为四个小组，展开激烈的讨论，每个小组派代表发言，谈谈观后感。“他们高超的技能让我们都为之一振。他们在平凡的岗位上，追求职业技能的完美和极致，最终脱颖而出，成为一个领域不可或缺的人才。”“社会给予他们赞誉，不仅是因为他们高超的工艺和技术，更因为他们都有着不懈的理想追求。”“作为新一代的青年，不管身处何岗位，都要用劳动用双手，为国家事业发展做出贡献。作为中职生的我们，更应当尽早树立良好的职业道德，成就最好的自己。”

班会过程中，同学们还表演了自制小品《出彩中职生》，集体朗诵诗歌《致敬工匠精神》，小组知识竞赛抢答。

最后，班主任做了总结：“同学们，我们作为工匠队伍的后备主力军，要努力撑起传承工匠精神的重担，努力践行精益求精的工匠精神，为实现中华民族的伟大复兴作出自己的贡献。”

此次班会，使同学们进一步了解到工匠精神是一个民族、一个国家的底气，更是新时代发展的动力，是每一个人都需要传承的优良品质；激发同学们把工匠精神融入到信念和实践当中。

图 1–9

步骤2 将正文中的“‘工匠精神’”去掉双引号：选中正文部分，依次点击【开始】→【查找替换】，也可按快捷键【Ctrl+H】打开“查找和替换”选项卡，在“查找内容”框中输入“‘工匠精神’”，在“替换为”框中输入“工匠精神”，点击“全部替换”即可，如图1–10所示。

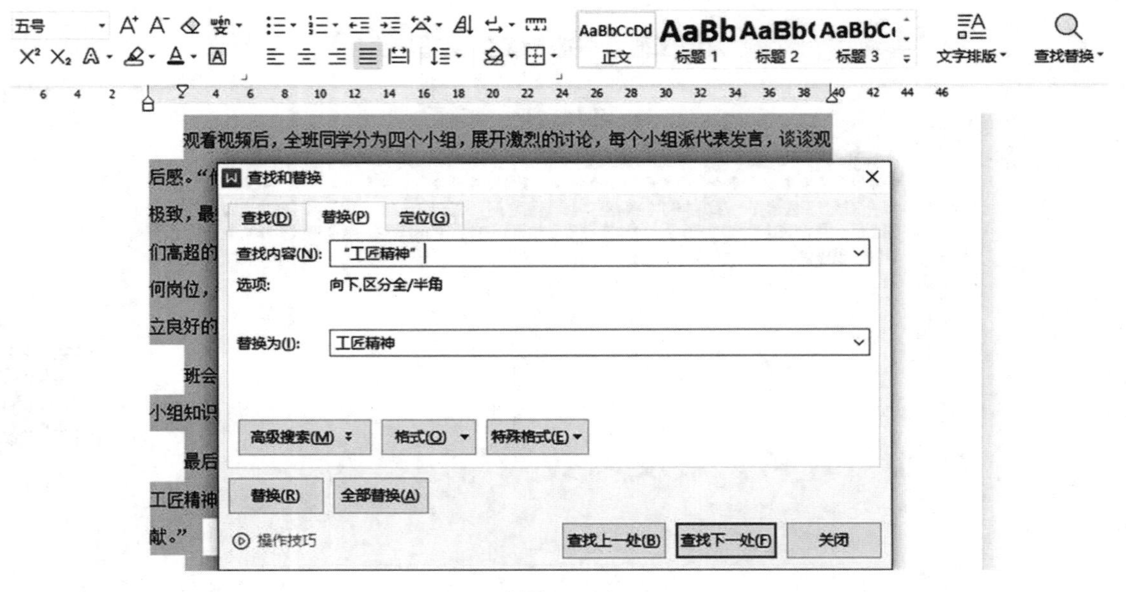

图1–10

步骤3 为正文第一段中的文字“大国工匠，匠心筑梦”添加样式，文字格式设置为“倾斜”“下划线”，添加“填充–黑色，文本1，阴影”的艺术字效果，如图1–11所示。

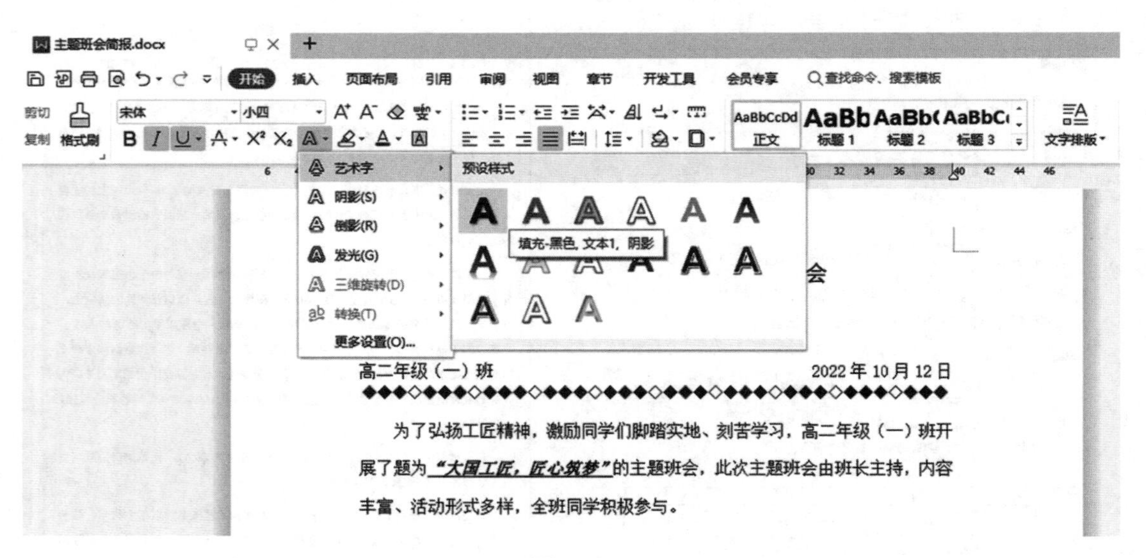

图1–11

步骤4 选中文字“同学们……自己的贡献。”，依次点击【开始】→【边框和底纹】，设置边框样式为“方框”“直线”“深红色”“1磅”，“应用于”下拉菜单选择“文字”，如图1–12所示。

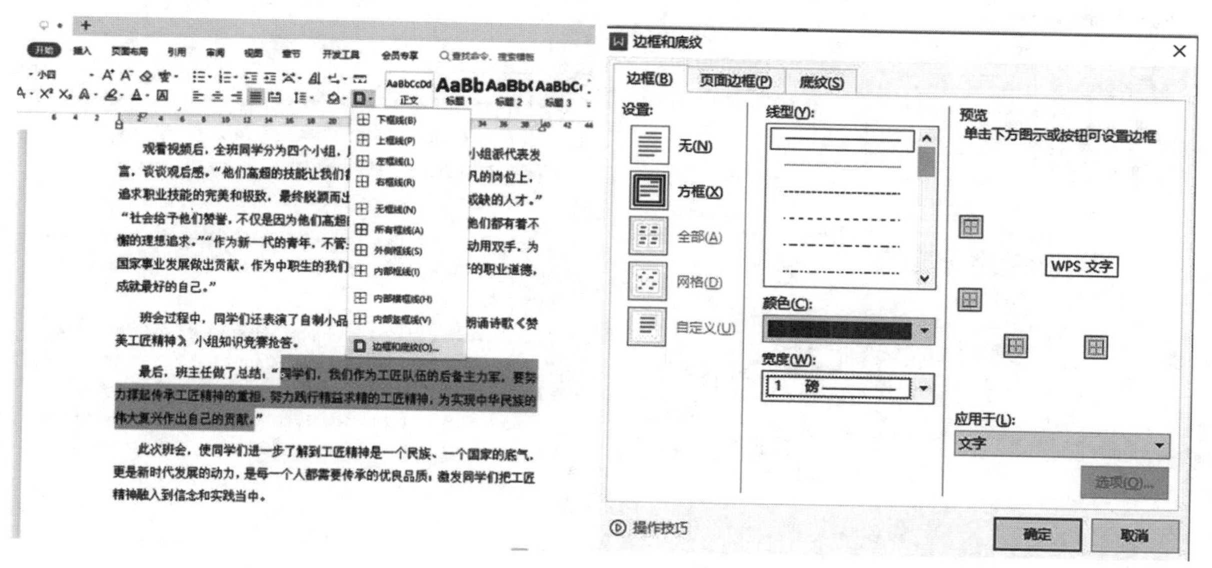

图1–12

步骤5　选中正文中最后一段文字，依次点击【开始】→【边框和底纹】，设置底纹填充为“深红色”，“应用于”下拉菜单选择“文字”，如图1–13所示。

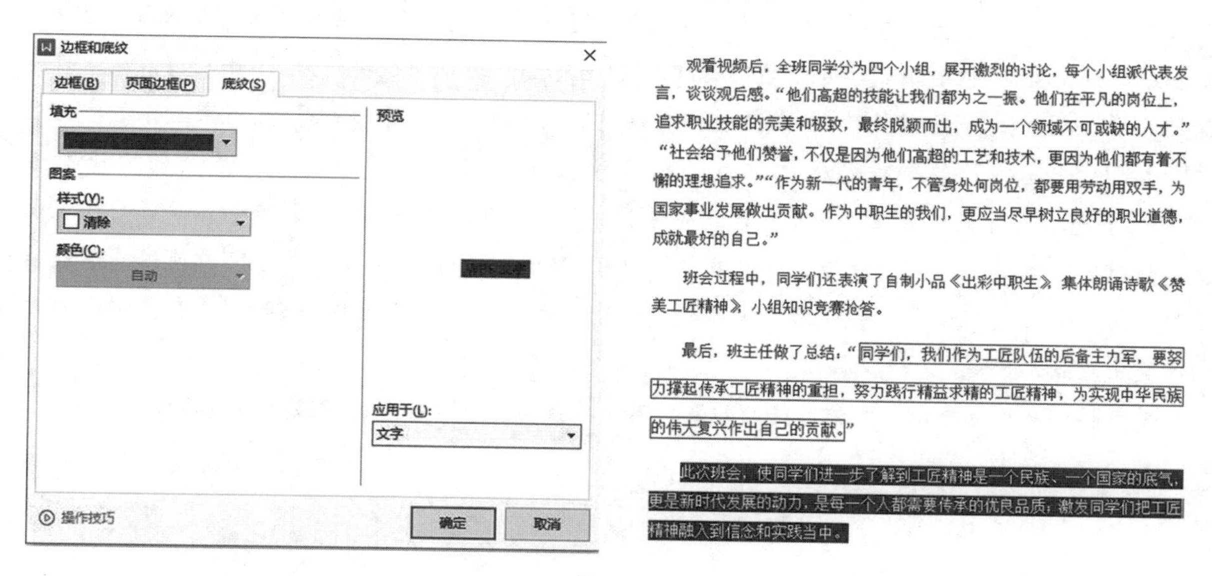

图1–13

步骤6　按照以上方法，为整个文档页面添加边框，设置边框样式为“自定义”“10磅”“艺术型”，“应用于”下拉菜单选择“整篇文档”，如图1–14所示。保存文档，然后关闭文档（可按快捷键【Alt+F4】）。本案例即制作完成。

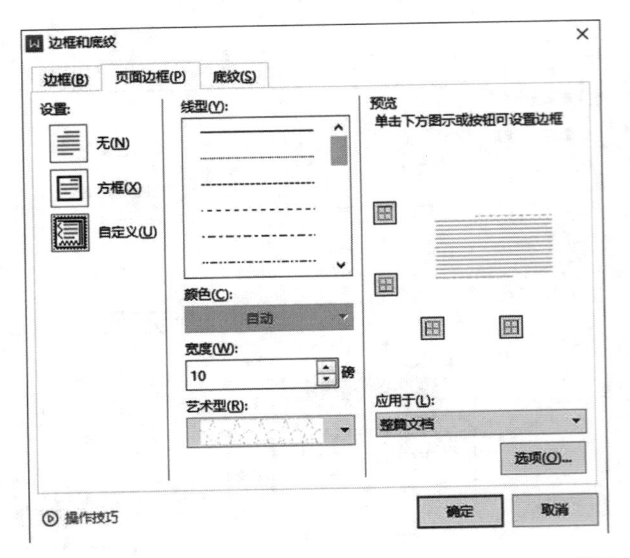

"大国工匠，匠心筑梦"主题班会

简 报

高二年级（一）班　　　　2022年10月12日

◆◆◆◇◆◆◆◇◆◆◆◇◆◆◆◇◆◆◆◇◆◆◆◇◆◆◆◇◆◆◆◇◆◆◆◇◆◆◆

为了弘扬工匠精神，激励同学们脚踏实地、刻苦学习，高二年级（一）班开展了题为<u>"*大国工匠，匠心筑梦*"</u>的主题班会，此次主题班会由班长主持，内容丰富、活动形式多样，全班同学积极参与。

班会开始，班长播放视频《大国工匠》，为同学们介绍了10位大国工匠代表人物的事迹。大国工匠们对工作的热爱、对技术的执着、对国家的忠诚感染着在场的每一位同学。

观看视频后，全班同学分为四个小组，展开激烈的讨论，每个小组派代表发言，谈谈观后感。"他们高超的技能让我们都为之一振。他们在平凡的岗位上，追求职业技能的完美和极致，最终脱颖而出，成为一个领域不可或缺的人才。""社会给予他们赞誉，不仅是因为他们高超的工艺和技术，更因为他们都有着不懈的理想追求。""作为新一代的青年，不管身处何岗位，都要用劳动用双手，为

图1-14

友情提示

WPS文字主要用于文本的编辑，在对文本进行各种操作时，使用快捷键可以提高工作效率，如全选的快捷键为【Ctrl+A】、复制的快捷键为【Ctrl+C】、剪切的快捷键为【Ctrl+X】、粘贴的快捷键为【Ctrl+V】、删除的快捷键为【Delete】或【Backspace】（按【Delete】键删除光标之后的文本，按【Backspace】键删除光标之前的文本）、撤销的快捷键为【Ctrl+Z】、恢复的快捷键为【Ctrl+Y】等。文字的样式设置包括字体、字号、颜色、加粗、倾斜、文字效果等；段落的样式设置包括对齐、缩进、行距、段距等。如果文档中有多处相同的内容需要修改，可以使用"查找和替换"选项卡快速将该内容替换为其他内容。此外，为文档添加边框和底纹时，应在美化版面的同时突出重点。

不同样式的设置会影响文档最终的效果，不同参数的调节都离不开精益求精的精神。

案例二

制作个人简历

案例背景

简历是求职的敲门砖。找工作最开始竞争的就是简历。因为你到任何一家招聘单位要做的第一件事情就是投递简历，而简历就是这些单位了解你的第一扇窗口。

知识技能

完成本案例任务并达成如下目标。

（1）学习段落格式和段落分栏的知识。

（2）掌握对齐和分栏、项目符号的应用方法。

（3）领会样式和边框底纹的设计美感。

（4）学会使用段落边框和底纹来进行页面布局设计。

（5）能够认识和理解简历内容的重要性。

效果展示

效果展示如图1–15所示。

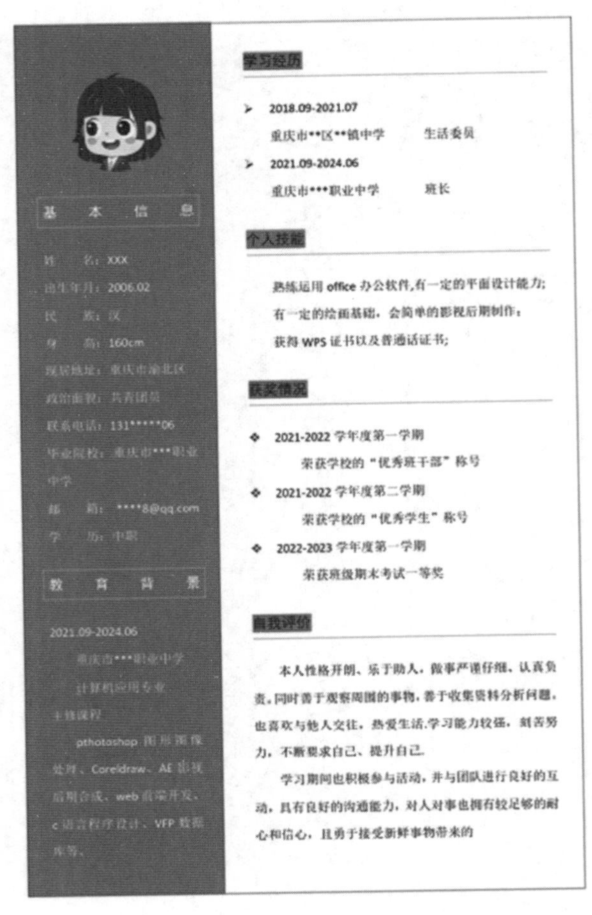

基 本 信 息

姓　　名：XXX

出生年月：2006.02

民　　族：汉

身　　高：160cm

现居地址：重庆市渝北区

政治面貌：共青团员

联系电话：131*****06

毕业院校：重庆市***职业中学

邮　　箱：****8@qq.com

学　　历：中职

教 育 背 景

2021.09-2024.06

重庆市***职业中学

计算机应用专业

主修课程

pthotoshop图形图像处理、Coreldraw、AE影视后期合成、web前端开发、c语言程序设计、VFP数据库等。

学习经历

- 2018.09-2021.07
  重庆市**区**镇中学　　生活委员
- 2021.09-2024.06
  重庆市***职业中学　　班长

个人技能

熟练运用office办公软件,有一定的平面设计能力;

有一定的绘画基础，会简单的影视后期制作;

获得WPS证书以及普通话证书;

获奖情况

- 2021-2022学年度第一学期
  荣获学校的“优秀班干部”称号
- 2021-2022学年度第二学期
  荣获学校的“优秀学生”称号
- 2022-2023学年度第一学期
  荣获班级期末考试一等奖

自我评价

本人性格开朗、乐于助人，做事严谨仔细、认真负责。同时善于观察周围的事物，善于收集资料分析问题，也喜欢与他人交往，热爱生活.学习能力较强，刻苦努力，不断要求自己、提升自己.

学习期间也积极参与活动，并与团队进行良好的互动，具有良好的沟通能力，对人对事也拥有较足够的耐心和信心，且勇于接受新鲜事物带来的

图1–15

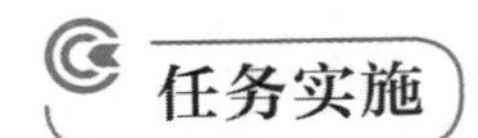

任务实施

段落格式与段落设置

任务一　段落格式与段落设置

步骤1　打开WPS Office软件，依次点击【首页】→【新建】→【新建文字】→【空白文档】，新建空白文档“文字文稿1”，如图1–16所示。也可按快捷键【Ctrl+N】快速创建一个空白文档。

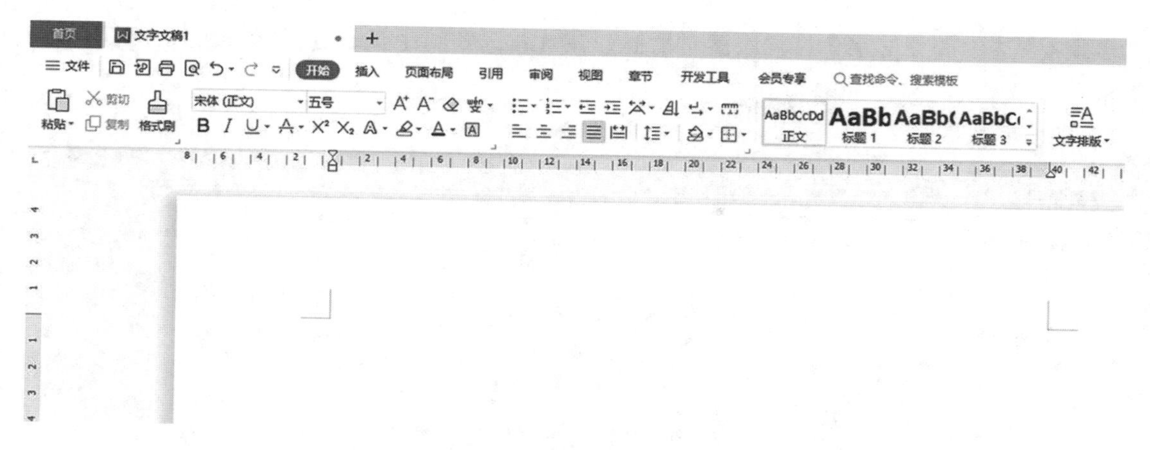

图 1–16

步骤2　依次点击【文件】→【保存】，在弹出的对话框中输入“个人简历”。也可按快捷键【Ctrl+S】保存文档。

步骤3　打开素材“素材\案例二–制作个人简历（文稿）.docx”文件，复制该文本内容并粘贴到个人简历文档中，如图1–17所示。

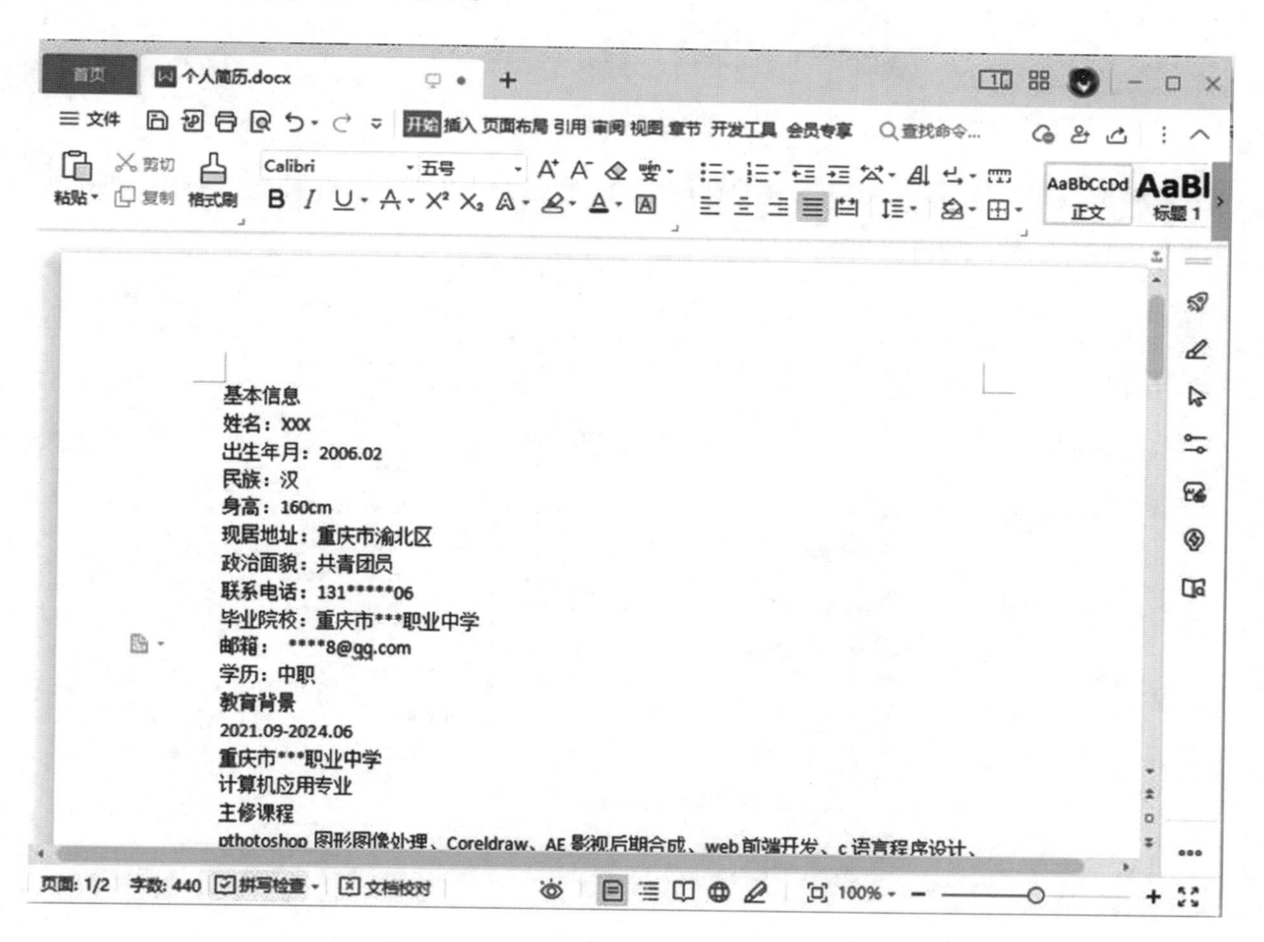

图 1–17

步骤4 选中部分文字，打开段落对话框，在【缩进和间距】→【特殊格式】→【首行缩进】的度量值框中填入“2”，如图1–18所示。

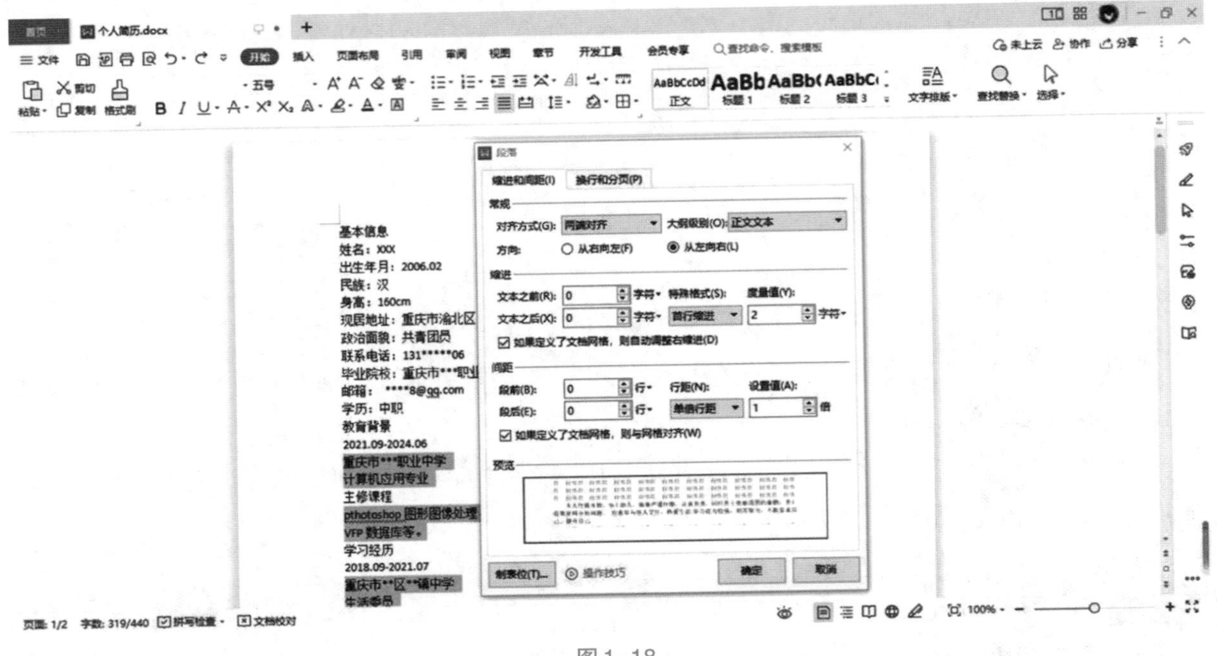

图1–18

步骤5 选中所有文字，打开段落对话框，在【缩进和间距】→【间距】→【行距】的下拉菜单选择1.5倍行距，如图1–19所示。

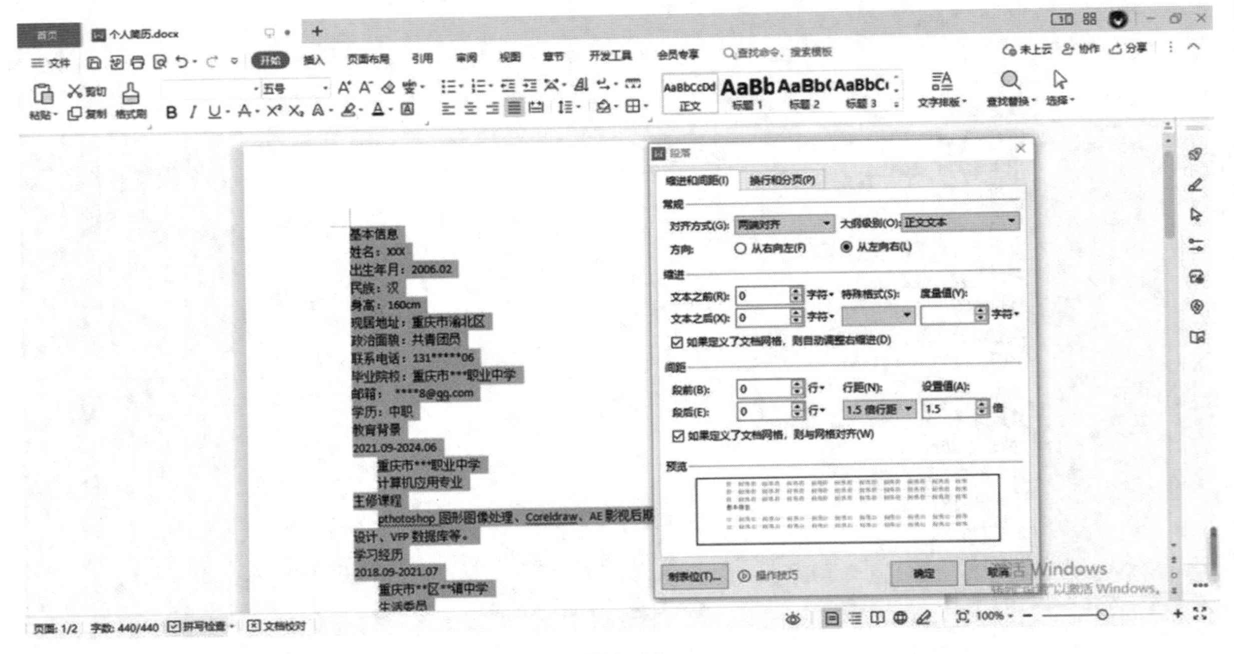

图1–19

步骤6　选中文字“基本信息”“教育背景”“学习经历”“个人技能”“获奖情况”“自我评价”，设置字体为“黑体”“小四号”“黑色”。打开段落对话框，在【缩进和间距】→【间距】→【段前】和【段后】的框中均填入“1”，如图1-20所示。

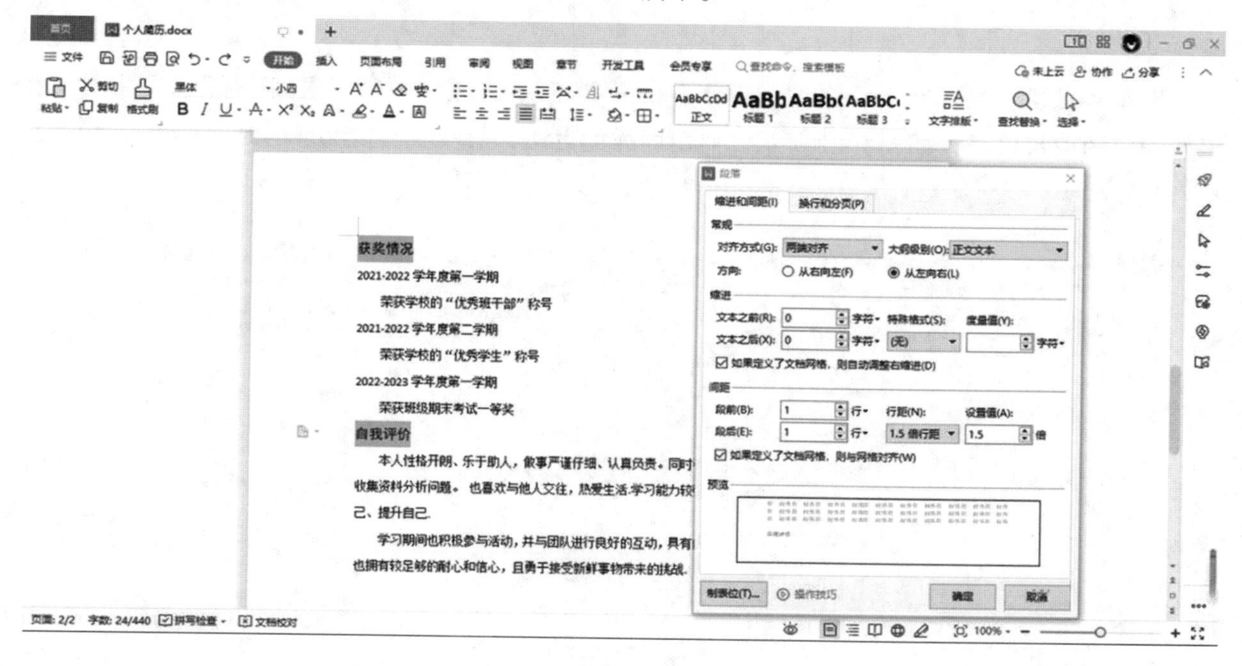

图1-20

步骤7　选中文字“基本信息”和“教育背景”，对齐方式设置为“分散对齐”。其余文字的对齐可采用添加空格的方式，如图1-21所示。

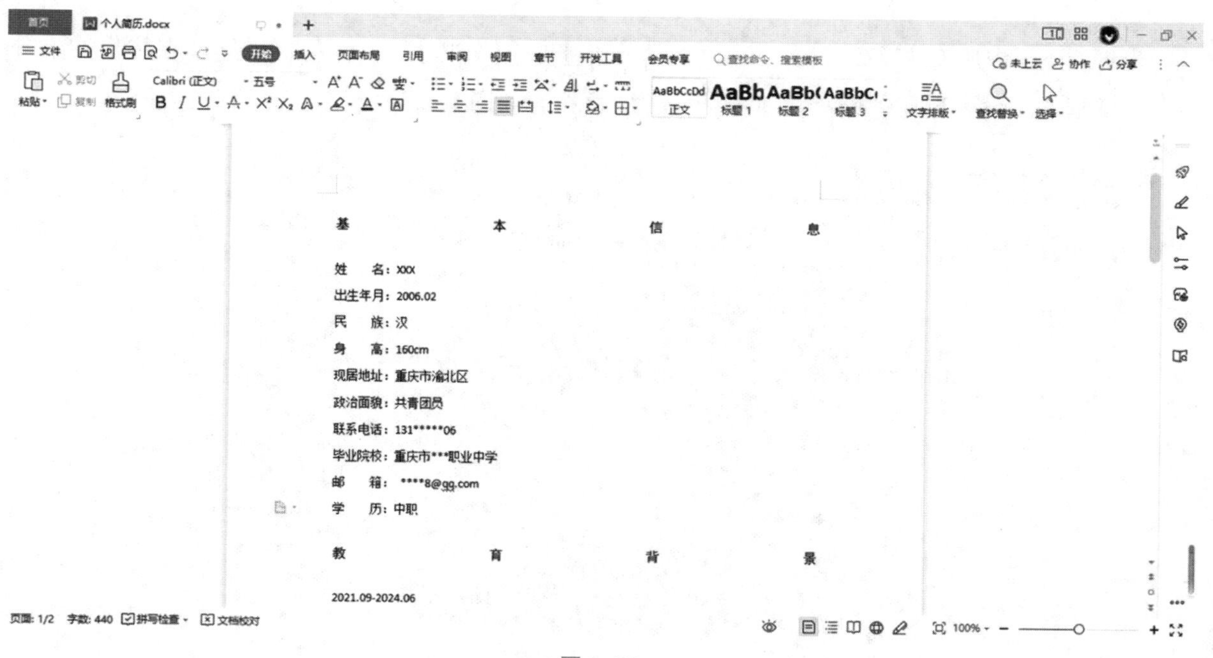

图1-21

任务二　项目符号与分栏设置

项目符号与分栏设置

步骤1　选择“学习经历”的时间部分，在“开始”选项卡中单击“项目符号”的下拉按钮，添加相应的项目符号，如图1–22所示。使用同样的方法，对“获奖情况”的时间部分设置项目符号。

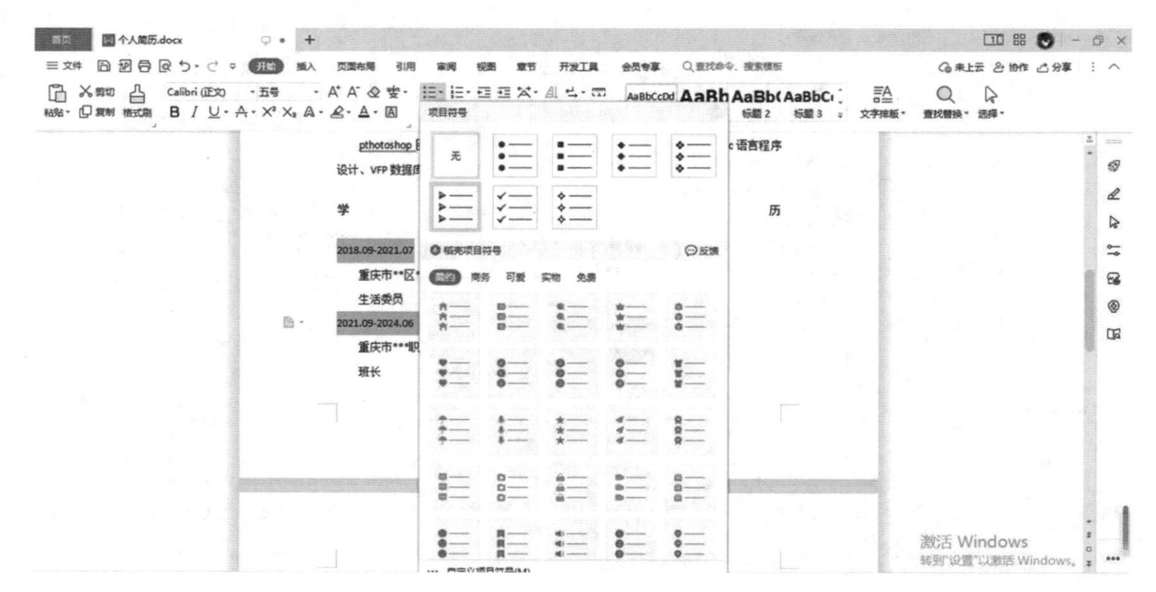

图1–22

步骤2　选中所有文字，依次点击【页面布局】→【分栏】→【更多分栏】，在弹出的“分栏”对话框的预设中选择“偏左”，间距设置为4字符，如图1–23所示。

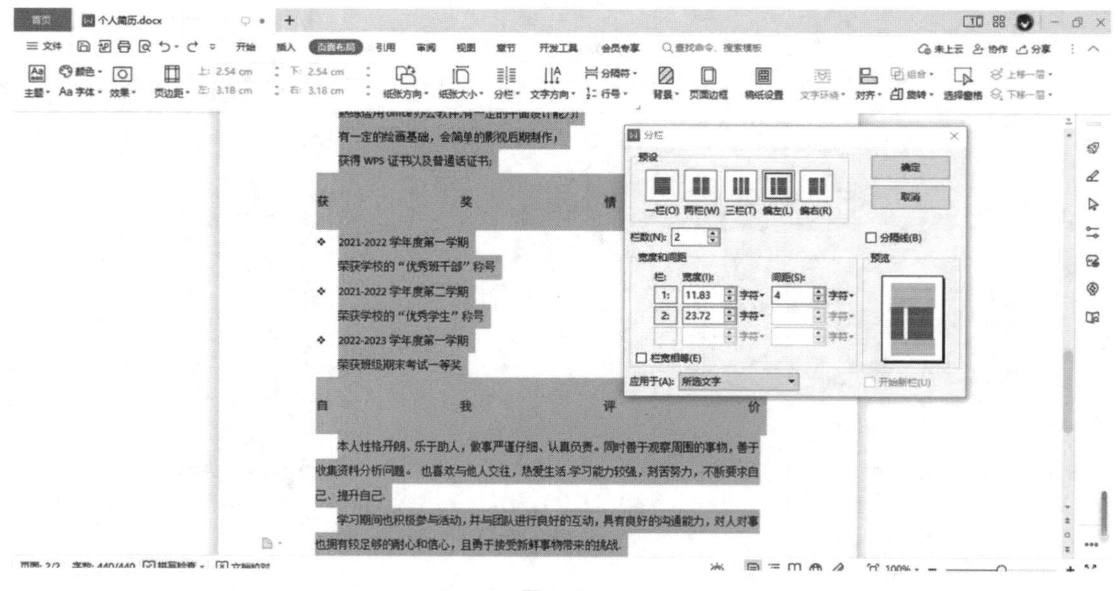

图1–23

步骤3依次点击【页面布局】→【页面边框】，在弹出的“边框和底纹”对话框中选择页面边框为方框，在“应用于”下拉菜单中选择“整篇文档”，如图1–24所示。

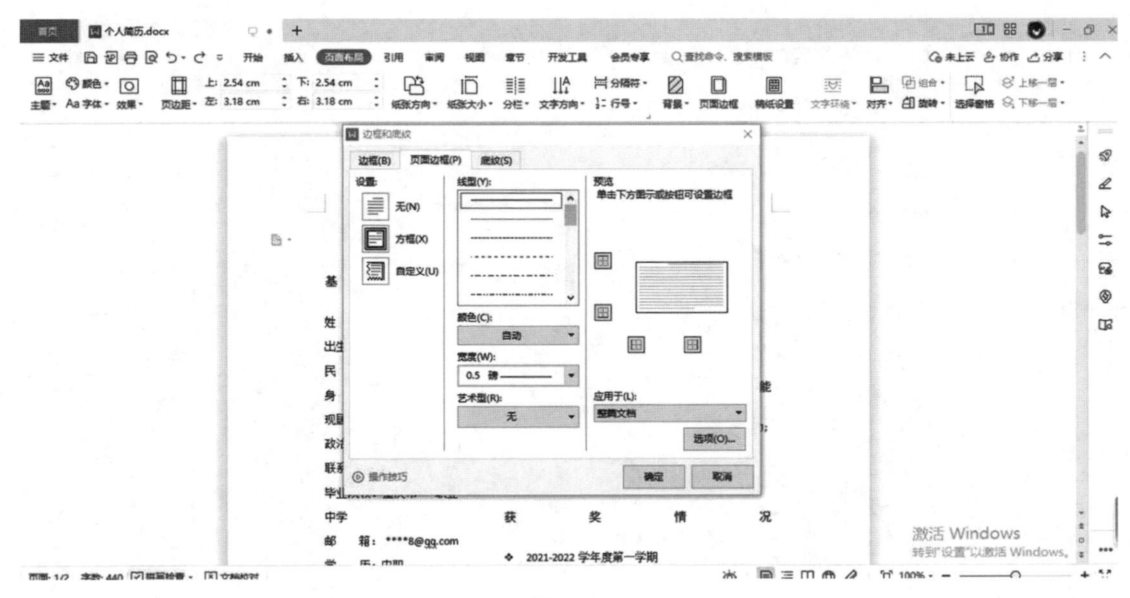

图1–24

页面背景与边框底纹

任务三　页面背景与边框底纹

步骤1　依次点击【页面布局】→【背景】，设置主题颜色为“矢车菊蓝，着色1，浅色80%”，如图1–25所示。

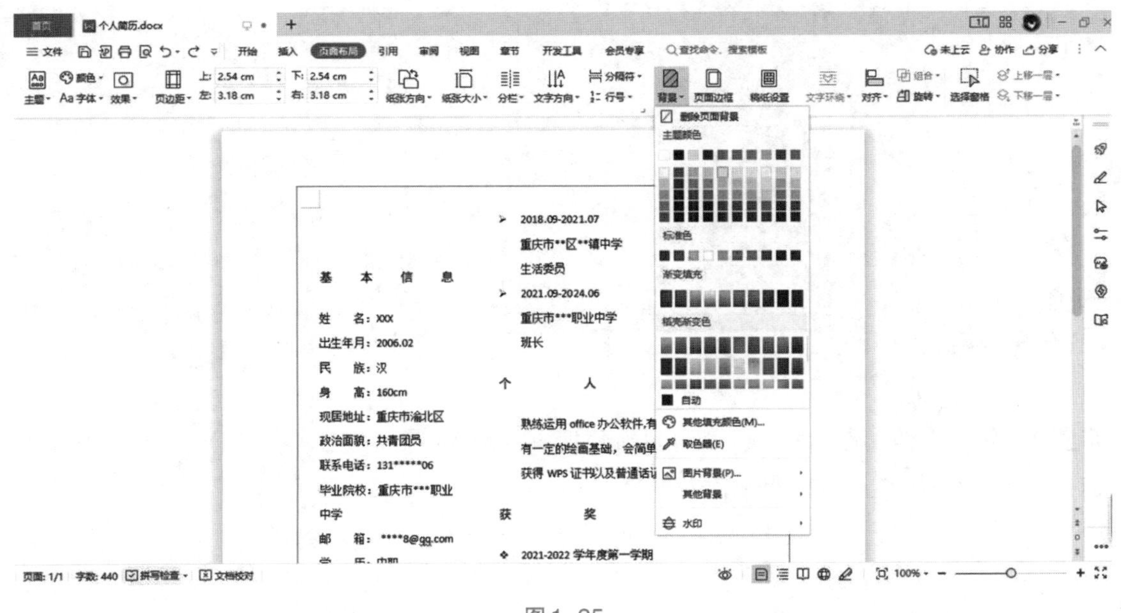

图1–25

步骤2 选中文字“基本信息”和“教育背景”，打开“边框和底纹”对话框，选择边框，设置边框颜色为白色，在“应用于”下拉菜单中选择“段落”，如图1-26所示。

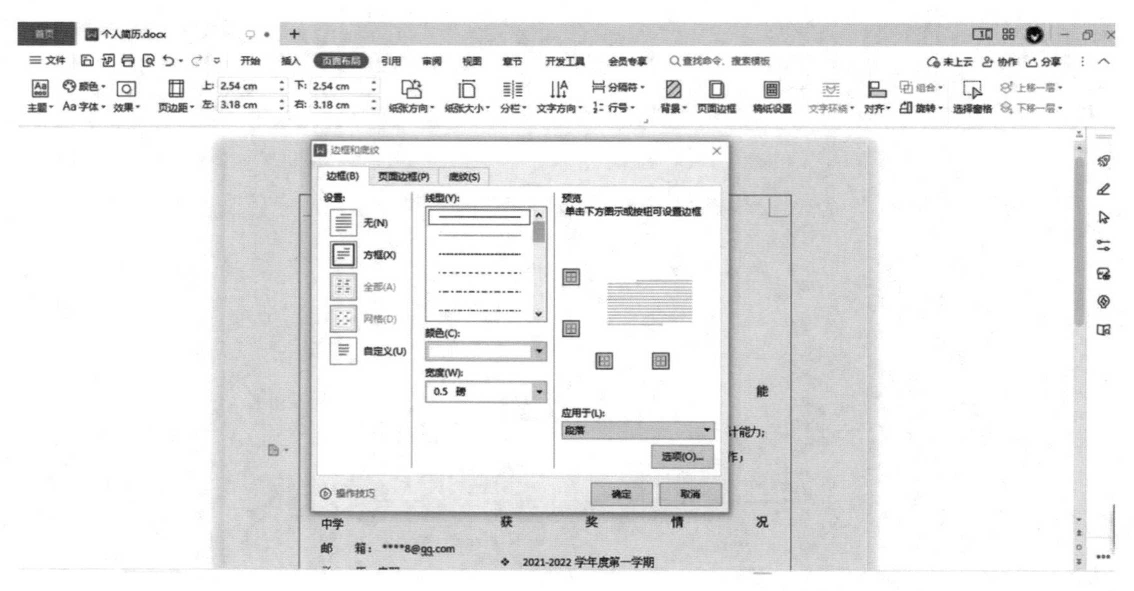

图1-26

步骤3 插入矩形，采用纯色填充，设置主题颜色为“矢车菊蓝，强调色1”，设置图片环绕方式为“衬于文字下方”，如图1-27所示。

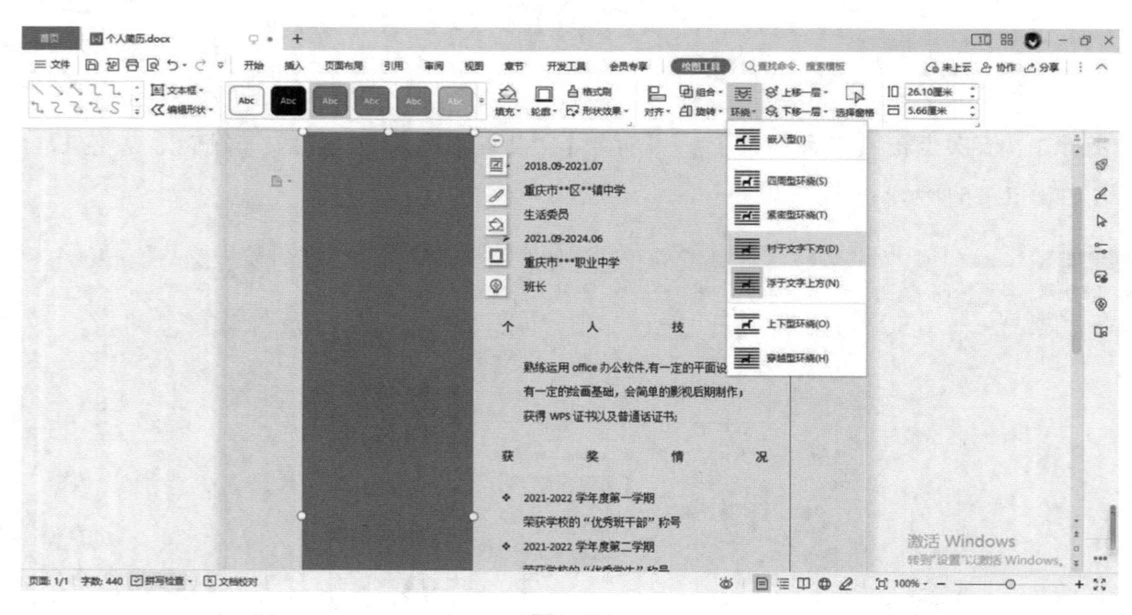

图1-27

步骤4 保存文档，然后关闭文档（可按快捷键【Alt+F4】）。

通过以上操作步骤，本案例制作完成。

友情提示

段落对齐方式是指段落在文档中的相对位置。段落对齐方式有左对齐、居中对齐、右对齐、两端对齐和分散对齐5种。

为段落添加项目符号可使文档更有层次。如果想要自定义项目符号的样式，可以在“项目符号”下拉菜单中选择“自定义项目符号”选项，单击【字符】按钮可以选择需要的符号，单击【字体】按钮可以设置符号的大小和颜色。

WPS文字为用户内置了多种分栏，只需要在“页面布局”选项中单击“分栏”的下拉按钮，就可以将选择的文字分为两栏、三栏或更多分栏。其中，两栏或三栏表示将选中的文字内容平均分为两列或三列，选中“更多分栏”后，会弹出“分栏”对话框，可以选择预设，设置栏数、宽度和间距、分隔线等。

案例三

制作传统节日画册

案例背景

传统节日作为中国传统文化的重要载体，能体现出中华民族的传统信仰、伦理道德、价值观念等，与中华民族源远流长的历史一脉相承。本案例将制作一套关于“春节”的画册。

知识技能

完成本案例任务并达成如下目标。

（1）学习图片编辑和表格应用的知识。

（2）掌握形状和文字的样式设计方法。

（3）领悟页面布局和图文混排的技巧。

（4）增强学生的文化底蕴和爱国情怀。

效果展示

效果展示如图 1–28 所示。

春节

春节由来

春节，即中国农历新年，俗称“新春”、“新岁”、“岁旦”等，又称“过年”、“过大年”，春节历史悠久，起源于早期人类的原始信仰与自然崇拜。春节的起源蕴含着深邃的文化内涵，在传承发展中承载了丰厚的历史文化底蕴。百节年为首、四季春为先，在传统的农耕社会，春回大地、终而复始、万象更新的立春岁首具有重要意义，春节是中华民族最隆重的传统佳节。

春节习俗

传统节日仪式与习俗活动，是节日元素的重要内容。在春节期间，全国各地均有举行各种贺新春活动，各地因地域文化不同，又存在着习俗内容或细节上的差异，带有浓郁的各地域特色。庆祝活动极为丰富多样，有舞龙、舞狮、庙会、赏花灯、扭秧歌、贴年红、守岁、吃团年饭、拜年等，春节民俗形式多样、内容丰富，是中华民族的生活文化精粹的集中展示。

春节美食			
		年糕	年糕属于农历新年的应时食品，有红、黄、白三色，象征金银。年糕是用黏性大的糯米或米粉蒸成的糕，春节吃年糕，寓意万事如意年年高。年糕的种类有很多，比如北方有白糕饦、黄米糕；江南有水磨年糕；西南有糯粑粑；北方年糕有蒸、炸二种，南方年糕还有炒、煮等吃法。
		饺子	饺子是中国北方民间的主食和地方小吃，也是年节食品，吃饺子是表达人们辞旧迎新之际，祈福求吉愿望的特有方式。因“饺子”与“交子”同音，所以取“更岁交子”之意，吃饺子就意味着更岁交子，过春节吃饺子被认为是大吉大利。
		春卷	春卷又称春饼、春盘、薄饼等，春节吃一些象征春意的新鲜菜蔬之类的食品，以迎接新春的到来，其中最具代表性的食品就是春卷，又名春饼。春卷历史悠久，由古代的春饼演化而来。在中国南方，过春节不吃饺子，吃春卷和芝麻汤圆。
		汤圆	汤圆别称“元宵”、“汤团”、“浮元子”，是中国传统小吃的代表之一，是由糯米粉等做的球状食品。通常用糯米、黑芝麻、白砂糖等作为原料，包成圆形，也有各种水果做馅，煮熟后吃起来软糯香甜。除夕吃汤圆，寓意着阖家团圆，寄托了人们对家的思念、对美好生活的向往。

图 1–28

任务实施

画册封面设计

任务一　画册封面设计

步骤 1　打开 WPS Office 软件，新建文档“春节画册 .doc”，设置页边距为上 2.5cm、下 2.5cm、左 3cm、右 3cm，插入“素材\春节画册封面 .jpg”图片，设置图片环绕方式为“紧密型环绕”，并调整图片到页面大小，如图 1–29 所示。

步骤 2　依次点击【插入】→【艺术字】，选择样式“渐变填充–金色，轮廓–着色 4”，输入文字“贺新春”，字体设置为“华文行楷”，并调节其大小，放置在合适位置，如图 1–30 所示。按快捷键【Ctrl+S】保存文档，这样画册封面就制作好了。

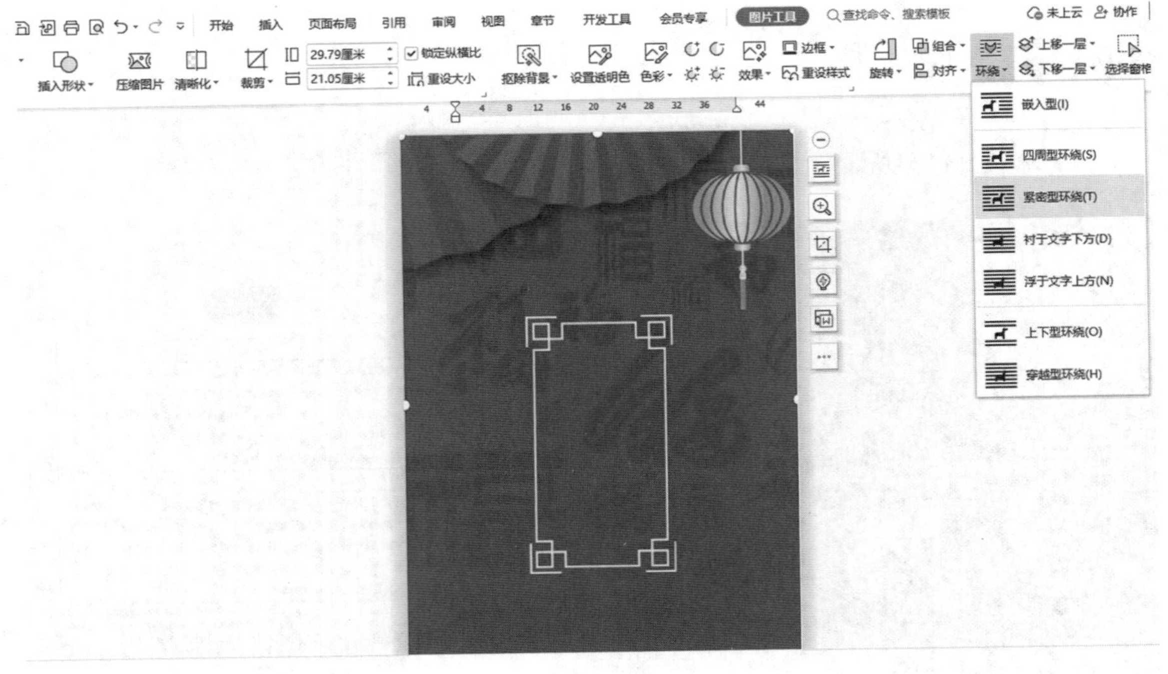

图 1–29

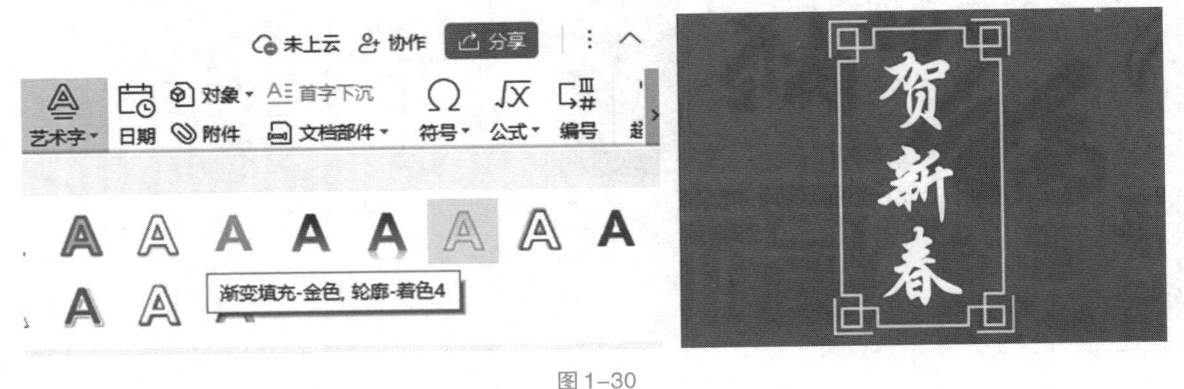

图 1–30

画册内页设计

任务二　画册内页设计

步骤 1　依次点击【插入】→【空白页】，在画册封面之后插入空白页面，打开“素材\春节.doc”文档，将该文档的内容复制到“春节画册.doc”中。依次点击【插入】→【形状】，选择“六边形”，形状填充设置为红色，轮廓设置为黄色的复合型，结合“文本框”的应用，设置标题“春节”，如图 1–31 所示。

春节

春节由来

春节，即中国农历新年，俗称“新春”“新岁”“岁旦”等，又称“过年”“过大年”，春节历史悠久，起源于早期人类的原始信仰与自然崇拜。春节的起源蕴含着深邃的文化内涵，在传承发展中承载了丰厚的历史文化底蕴。百节年为首、四季春为先，在传统的农耕社会，春回大地、终而复始、万象更新的立春岁首具有重要意义，春节是中华民族最隆重的传统佳节。

图1-31

步骤2　选中文字“春节由来……集中展示”，设置字体样式为“仿宋”“小四号”“黑色”，设置段落样式为“左对齐”“首行缩进2字符”“1.5倍行距”，如图1-32所示。

春节由来

春节，即中国农历新年，俗称“新春”“新岁”“岁旦”等，又称“过年”“过大年”，春节历史悠久，起源于早期人类的原始信仰与自然崇拜。春节的起源蕴含着深邃的文化内涵，在传承发展中承载了丰厚的历史文化底蕴。百节年为首、四季春为先，在传统的农耕社会，春回大地、终而复始、万象更新的立春岁首具有重要意义，春节是中华民族最隆重的传统佳节。

春节习俗

传统节日仪式与习俗活动，是节日元素的重要内容。在春节期间，全国各地均有举行各种贺新春活动，各地因地域文化不同，又存在着习俗内容或细节上的差异，带有浓郁的各地域特色。庆祝活动极为丰富多样，有舞龙、舞狮、庙会、赏花灯、扭秧歌、贴年红、守岁、吃团年饭、拜年等，春节民俗形式多样、内容丰富，是中华民族的生活文化精粹的集中展示。

图1-32

步骤3　依次点击【插入】→【表格】，插入一个8行4列的表格，并对第1行至第4行的单元格都进行“合并单元格”的操作；调节第5行至第8行单元格的列宽，合并其第1列，如图1-33所示。

春节

<table>
<tr><td colspan="4"></td></tr>
<tr><td colspan="4"></td></tr>
<tr><td colspan="4"></td></tr>
<tr><td colspan="4"></td></tr>
<tr><td rowspan="4"></td><td></td><td></td><td></td></tr>
<tr><td></td><td></td><td></td></tr>
<tr><td></td><td></td><td></td></tr>
<tr><td></td><td></td><td></td></tr>
</table>

图1-33

步骤4 对表格进行布局，在各单元格中插入相应的文本内容。在表格第5行至第8行的第2列分别插入对应的图片“年糕.jpg”“饺子.jpg”“春卷.jpg”“汤圆.jpg”；在表格的第5行至第8行的第3、4列插入对应的文字，其中第4列的文字样式设置为“仿宋”“五号”“黑色”，段落样式设置为“左对齐”“首行缩进2字符”“单倍行距”，如图1-34所示。

春节由来			
春节，即中国农历新年，俗称“新春”“新岁”“岁旦”等，又称“过年”“过大年”，春节历史悠久，起源于早期人类的原始信仰与自然崇拜。春节的起源蕴含着深邃的文化内涵，在传承发展中承载了丰厚的历史文化底蕴。百节年为首、四季春为先，在传统的农耕社会，春回大地、终而复始、万象更新的立春岁首具有重要意义，春节是中华民族最隆重的传统佳节。			
春节习俗			
传统节日仪式与习俗活动，是节日元素的重要内容。在春节期间，全国各地均有举行各种贺新春活动，各地因地域文化不同，又存在着习俗内容或细节上的差异，带有浓郁的各地域特色。庆祝活动极为丰富多样，有舞龙、舞狮、庙会、赏花灯、扭秧歌、贴年红、守岁、吃团年饭、拜年等，春节民俗形式多样、内容丰富，是中华民族的生活文化精粹的集中展示。			
春节美食		年糕	年糕属于农历新年的应时食品，有红、黄、白三色，象征金银。年糕是用黏性大的糯米或米粉蒸成的糕，春节吃年糕，寓意万事如意年年高。年糕的种类有很多，比如北方有白糕饦、黄米糕；江南有水磨年糕；西南有糯粑粑；北方年糕有蒸、炸二种，南方年糕还有炒、煮等吃法。
		饺子	饺子是中国北方民间的主食和地方小吃，也是年节食品，吃饺子是表达人们辞旧迎新之际，祈福求吉愿望的特有方式。因“饺子”与“交子”同音，所以取“更岁交子”之意，吃饺子就意味着更岁交子，过春节吃饺子被认为是大吉大利。
		春卷	春卷又称春饼、春盘、薄饼等。春节吃一些象征春意的新鲜菜蔬之类的食品，以迎接新春的到来，其中最具代表性的食品就是春卷，又名春饼。春卷历史悠久，由古代的春饼演化而来。在中国南方，过春节不吃饺子，吃春卷和芝麻汤圆。
		汤圆	汤圆别称“元宵”“汤团”“浮元子”，是中国传统小吃的代表之一，是由糯米粉等做的球状食品。通常用糯米、黑芝麻、白砂糖等作为原料，包成圆形，也有各种水果做馅，煮熟后吃起来软糯香甜。除夕吃汤圆，寓意着阖家团圆，寄托了人们对家的思念、对美好生活的向往。

图1-34

步骤5 表格布局完成后，接下来进一步对文档进行美化。选中表格第1行至第4行，依次点击【开始】→【边框和底纹】，选择“无框线”，如图1-35所示。

步骤6 选中文字“春节由来”和“春节习俗”，设置文字样式为“微软雅黑”“四号”“加粗”“红色”，并添加项目符号，如图1-36所示。

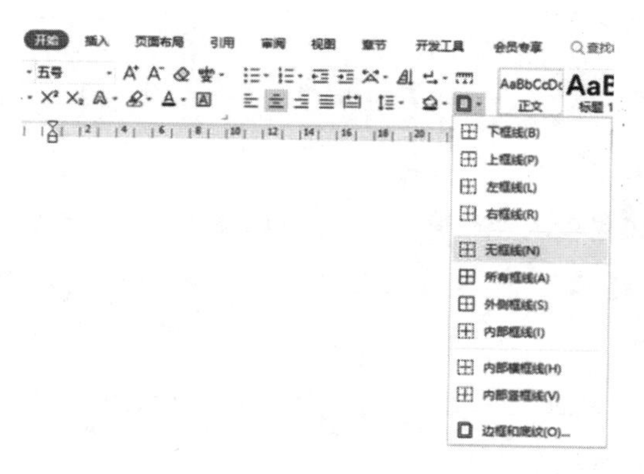

春节由来

春节，即中国农历新年，俗称“新春”“新岁”“岁旦”等，又称“过年”“过大年”，春节历史悠久，起源于早期人类的原始信仰与自然崇拜。春节的起源蕴含着深邃的文化内涵，在传承发展中承载了丰厚的历史文化底蕴。百节年为首、四季春为先，在传统的农耕社会，春回大地、终而复始、万象更新的立春岁首具有重要意义，春节是中华民族最隆重的传统佳节。

春节习俗

传统节日仪式与习俗活动，是节日元素的重要内容。在春节期间，全国各地均有举行各种贺新春活动，各地因地域文化不同，又存在着习俗内容或细节上的差异，带有浓郁的各地域特色。庆祝活动极为丰富多样，有舞龙、舞狮、庙会、赏花灯、扭秧歌、贴年红、守岁、吃团年饭、拜年等，春节民俗形式多样、内容丰富，是中华民族的生活文化精粹的集中展示。

图 1–35

❖ **春节由来**

春节，即中国农历新年，俗称“新春”“新岁”“岁旦”等，又称“过年”“过大年”，春节历史悠久，起源于早期人类的原始信仰与自然崇拜。春节的起源蕴含着深邃的文化内涵，在传承发展中承载了丰厚的历史文化底蕴。百节年为首、四季春为先，在传统的农耕社会，春回大地、终而复始、万象更新的立春岁首具有重要意义，春节是中华民族最隆重的传统佳节。

❖ **春节习俗**

传统节日仪式与习俗活动，是节日元素的重要内容。在春节期间，全国各地均有举行各种贺新春活动，各地因地域文化不同，又存在着习俗内容或细节上的差异，带有浓郁的各地域特色。庆祝活动极为丰富多样，有舞龙、舞狮、庙会、赏花灯、扭秧歌、贴年红、守岁、吃团年饭、拜年等，春节民俗形式多样、内容丰富，是中华民族的生活文化精粹的集中展示。

图 1–36

步骤 7　选中表格第 5 行至第 8 行，设置表格边框样式，如图 1–37 所示。传统节日画册制作完成。

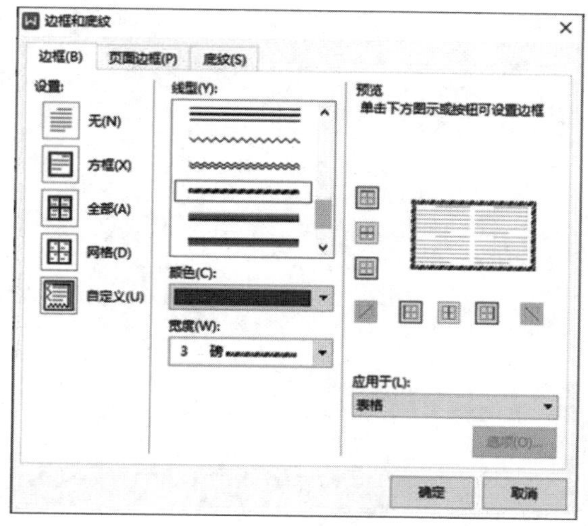

<table>
<tr><td rowspan="4">春节美食</td><td></td><td>年糕</td><td>年糕属于农历新年的应时食品，有红、黄、白三色，象征金银。年糕是用黏性大的糯米或米粉蒸成的糕，春节吃年糕，寓意万事如意年年高。年糕的种类有很多，比如北方有白糕饦、黄米糕；江南有水磨年糕；西南有糯粑粑；北方年糕有蒸、炸二种，南方年糕还有炒、煮等吃法。</td></tr>
<tr><td></td><td>饺子</td><td>饺子是中国北方民间的主食和地方小吃，也是年节食品，吃饺子是表达人们辞旧迎新之际，祈福求吉愿望的特有方式。因“饺子”与“交子”同音，所以取“更岁交子”之意，吃饺子就意味着更岁交子，过春节吃饺子被认为是大吉大利。</td></tr>
<tr><td></td><td>春卷</td><td>春卷又称春饼、春盘、薄饼等。春节吃一些象征春意的新鲜菜蔬之类的食品，以迎接新春的到来，其中最具代表性的食品就是春卷，又名春饼。春卷历史悠久，由古代的春饼演化而来。在中国南方，过春节不吃饺子，吃春卷和芝麻汤圆。</td></tr>
<tr><td></td><td>汤圆</td><td>汤圆别称“元宵”“汤团”“浮元子”，是中国传统小吃的代表之一，是由糯米粉等做的球状食品。通常用糯米、黑芝麻、白砂糖等作为原料，包成圆形，也有各种水果做馅，煮熟后吃起来软糯香甜。除夕吃汤圆，寓意着阖家团圆，寄托了人们对家的思念、对美好生活的向往。</td></tr>
</table>

图 1–37

友情提示

在“图片工具”下的“环绕”菜单栏中选择“四周型环绕”或“紧密型环绕”，这样就可以移动图片。在“绘图工具”中可设置形状的“填充”“轮廓”“形状效果”，“形状效果”包含“阴影”“倒影”“发光”“柔化边缘”“三维旋转”等。

在WPS文字中使用表格排版可以控制图片位置，将文字和图片放置于单元格内，方便整体布局。对表格的单元格和边框样式进行设计，可进一步美化排版。

案例四

制作旅游宣传手册——美丽重庆

案例背景

外出旅游不仅可以释放压力，舒缓心情，还可以见识到各式各样的风俗和地貌等。重庆，一个充满魅力的城市，是中国著名的旅游胜地之一。重庆拥有丰富的历史文化遗产和自然景观资源，从山城特色建筑到美食文化，从峡谷奇观到温泉养生，重庆都会给您带来不一样的感受。

知识技能

完成本案例任务并达成如下目标。

（1）学习分节和目录的相关知识。

（2）掌握输出高清图片、长图、PDF文件及打印文档的操作方法。

（3）掌握分节符和目录插入的应用方法。

（4）掌握排版技巧，可以又快又好地排版文档。

效果展示

效果展示如图1-38所示。

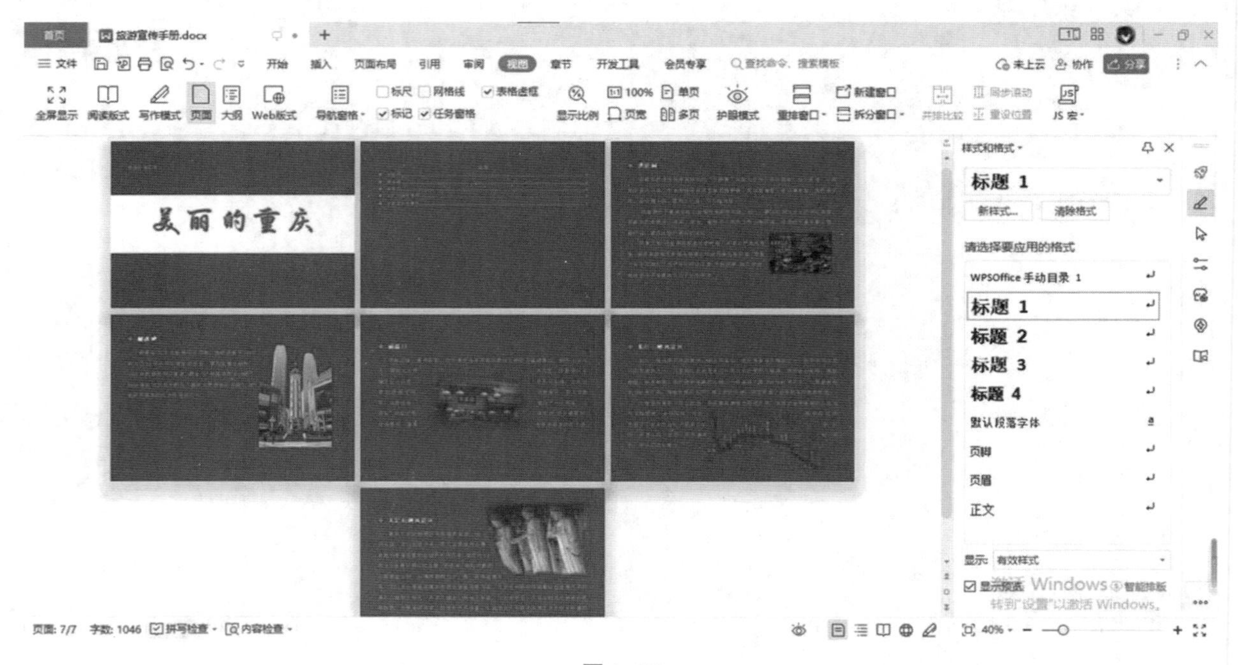

图1-38

任务实施

插入目录、分节符

任务一　插入目录、分节符

步骤1　打开WPS Office软件，依次点击【首页】→【新建】→【新建文字】→【空白文档】，新建空白文档“文字文稿1”，如图1-39所示。也可按快捷键【Ctrl+N】快速创建一个空白文档。

步骤2　依次点击【文件】→【保存】，在弹出的对话框中输入“旅游宣传手册”。也可按快捷键【Ctrl+S】保存文档。

步骤3　打开素材“素材\案例四-制作旅游宣传手册（文稿）.docx”文件，复制文字并粘贴到旅游宣传手册文件中，如图1-40所示。

步骤4　选中全部文字，设置字体为“宋体”，字号为“小四”；选中文字“洪崖洞”“解放碑”“磁器口”“长江三峡风景区”“大足石刻风景区”，设置为“标题1”，字号改为“四号”，并加上项目符号。

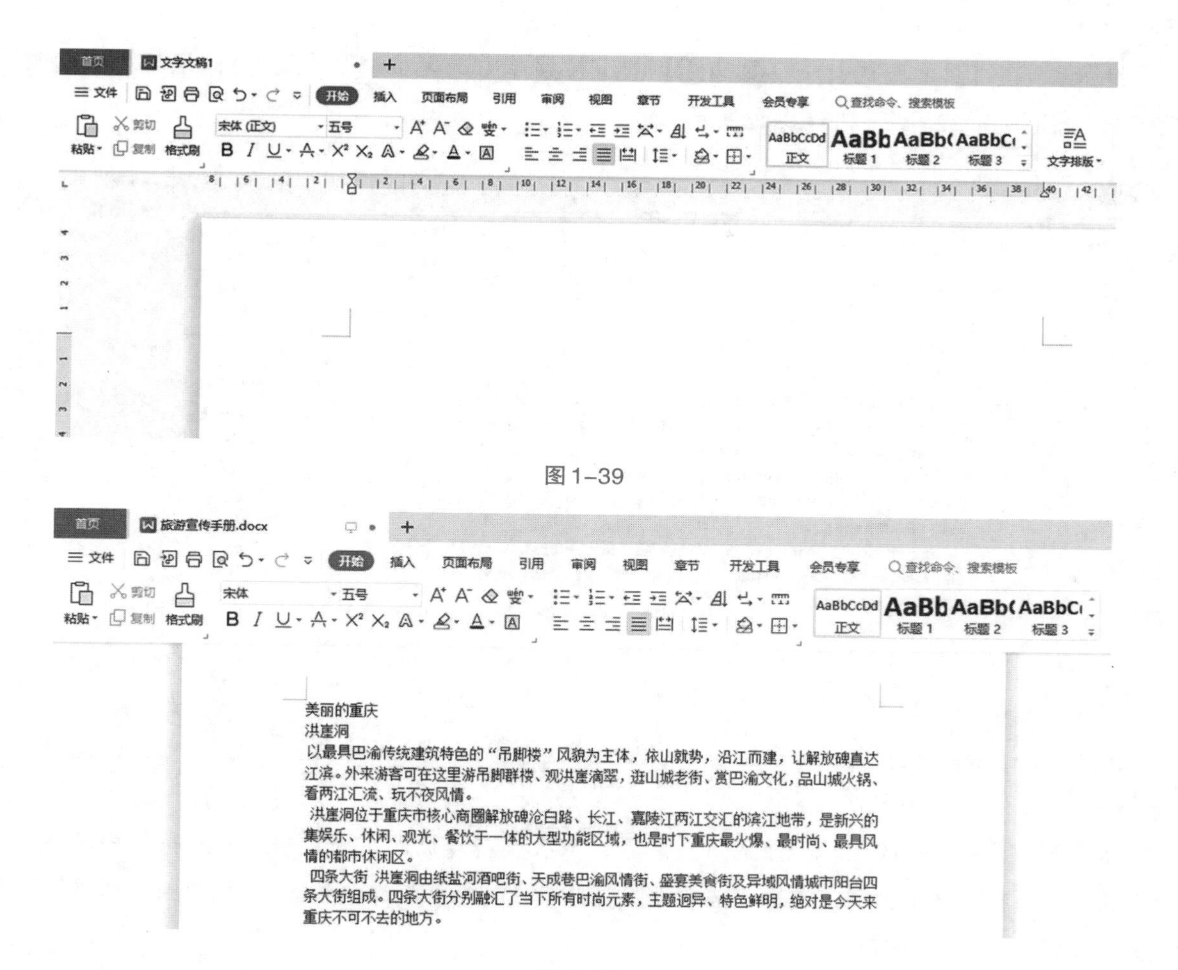

图1–39

图1–40

步骤5　选中所有景点描述文字，打开段落对话框，在【缩进和间距】→【特殊格式】→【首行缩进】的度量值框中填入“2”，行距选择多倍行距，设置值为1.5，如图1–41所示。

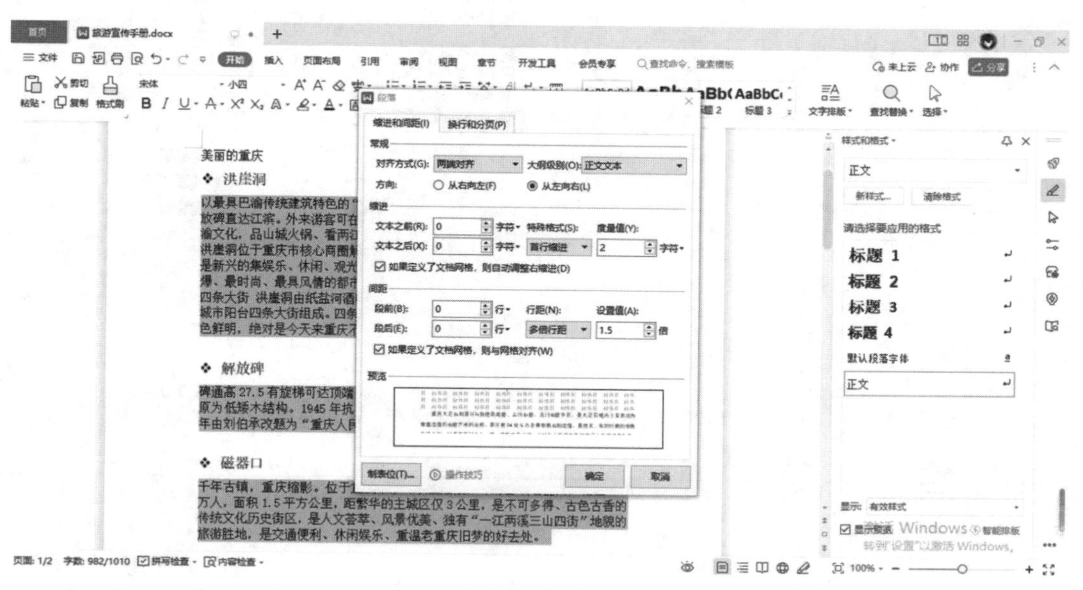

图1–41

步骤6 在【页面布局】→【页边距】的下拉菜单中选择“窄”，纸张方向设置为“横向”，纸张大小设置为“32开”，如图1-42所示。

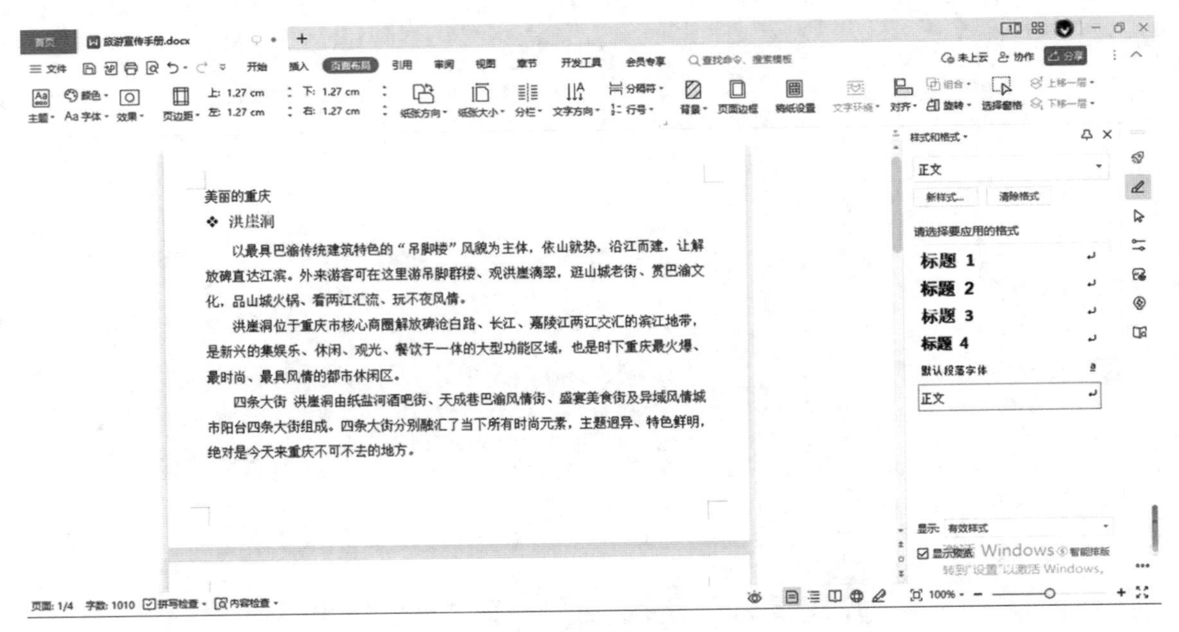

图1-42

步骤7 鼠标光标放在“美丽的重庆”后，依次点击【页面布局】→【分隔符】→【下一页分节符】，如图1-43所示。在文字“解放碑”“磁器口”“长江三峡风景区”“大足石刻风景区”前也分别设置“下一页分节符”。

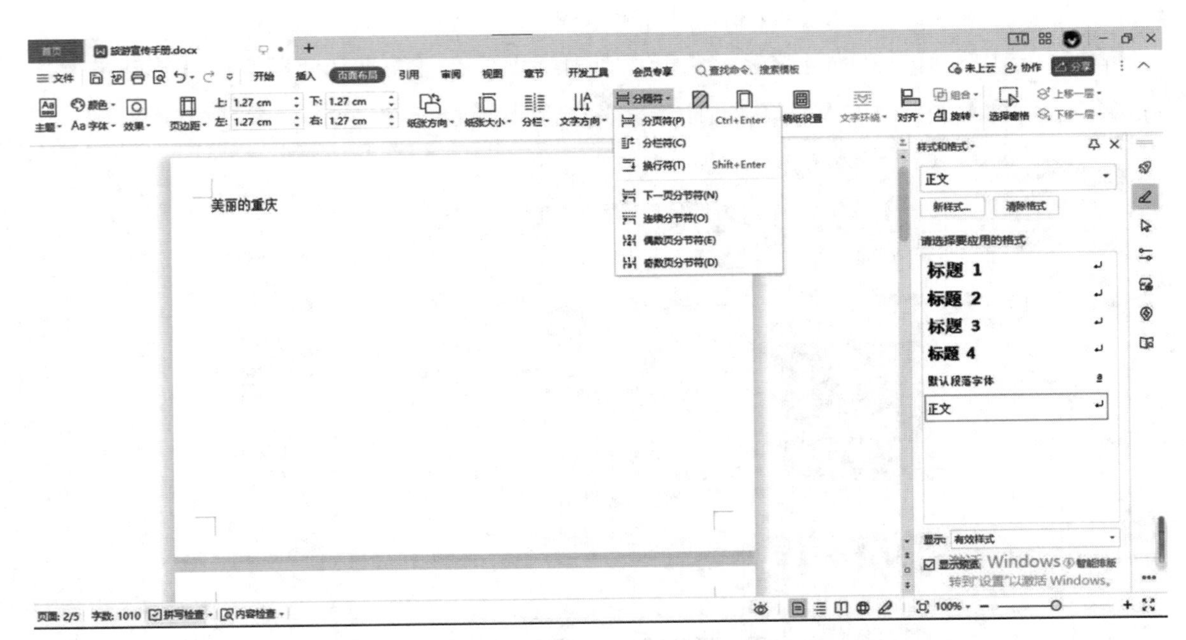

图1-43

步骤8　鼠标光标放在文字“洪崖洞”前，依次点击【章节】→【目录页】→【自动目录】，如图1-44所示。

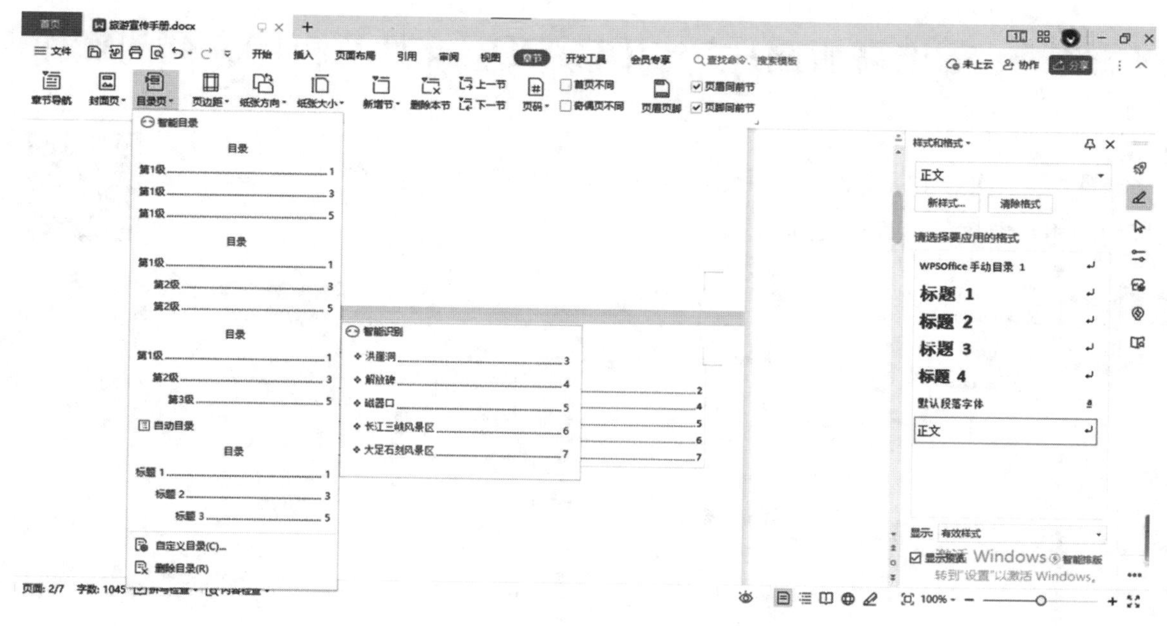

图1-44

步骤9　插入艺术字，背景颜色设置为红色，插入图片并设置图片格式。

步骤10　插入页码，如图1-45所示。

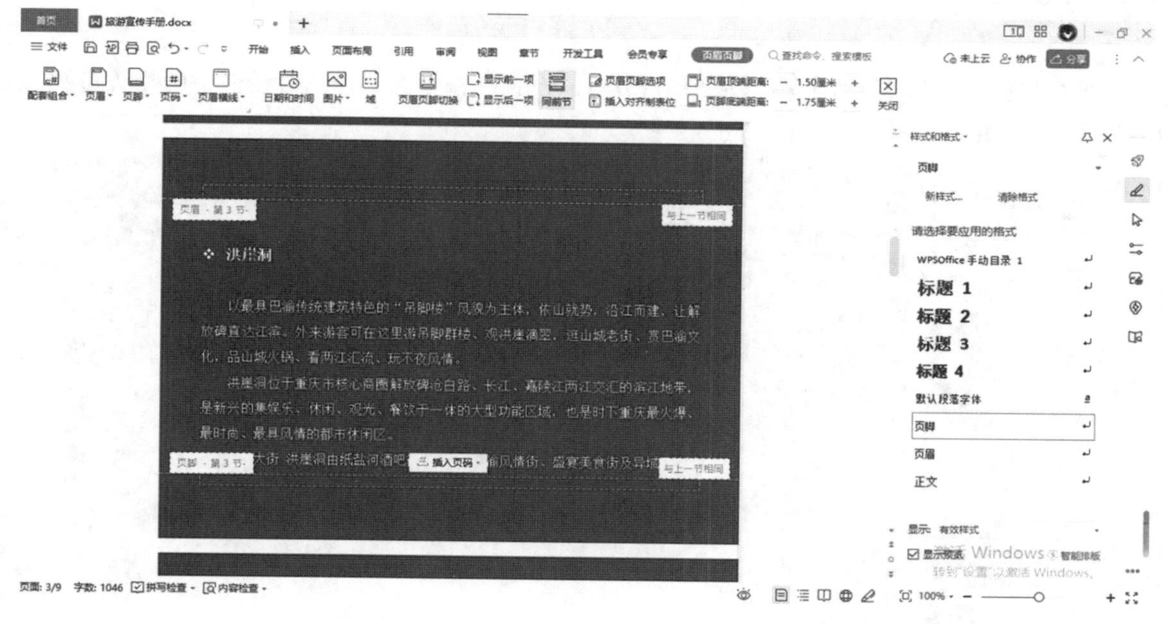

图1-45

任务二　输出高清图片、长图、PDF文件及打印文档的操作

输出高清图片、长图、PDF文件及打印文档的操作

步骤1　依次点击【文件】→【输出为图片】，设置“批量输出为图片”对话框中的相关参数，如图1-46所示。

图1-46

步骤2　依次点击【文件】→【输出为PDF】，设置“输出为PDF”对话框中的相关参数，如图1-47所示。

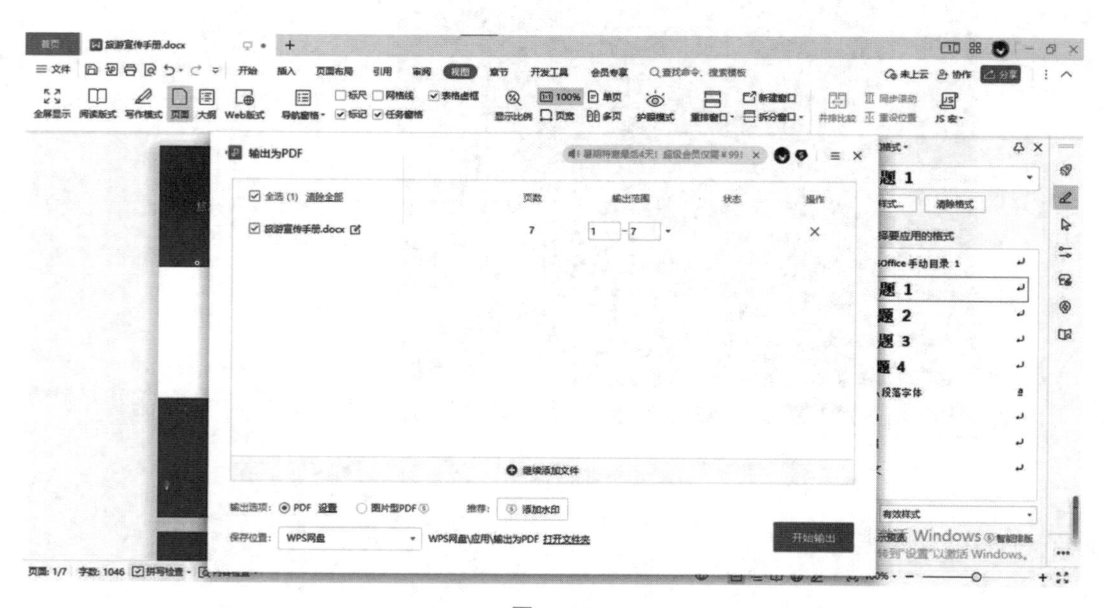

图1-47

步骤3　依次点击【文件】→【打印】→【打印预览】，设置“打印预览”对话框中的相关参数，如图1-48所示。

图1-48

友情提示

文档分节后可以对同一文档中的不同区域采用不同的排版方式。在“分隔符”下拉菜单中常用的是“下一页分节符”和“连续分节符”选项。使用“下一页分节符”后的文本将会另起一页，并以新节的方式显示；使用“连续分节符”后当前节与下一节共存于同一页面，同一页面的不同部分可以共存不同节格式，包括列数、左右页边距和行号等。

在提取目录之前，需要为标题设置大纲级别。设置好大纲级别后，可以依次点击【引用】→【目录】选择目录样式，从而生成目录；也可以依次点击【章节】→【目录页】选择目录样式来生成目录。

模块二

WPS表格篇

模块二
WPS表格篇课件

案例一

制作成绩统计表

案例背景

WPS表格软件是一款功能强大、易于使用的电子表格处理软件。日常工作、学习、考勤和其他统计等都离不开表格的使用。学习WPS表格的使用技巧可以让我们更高效地完成数据统计。我们在进行数据统计时，常常需要对一些数据进行一致化处理、规范化设置及快速地填写重复且烦琐的内容。在处理大量的数据和信息时，数据查找和替换功能尤为重要。

知识技能

完成本案例任务并达成如下目标。

（1）掌握WPS表格的基本功能和操作方法。

（2）掌握WPS表格的基本数据处理方法。

（3）能够在实际工作中灵活运用WPS表格。

（4）掌握表格有效性的基本概念和原则。

（5）学会使用常见的工具和软件进行表格数据的替换和查找操作。

效果展示

效果展示如图2-1、图2-2所示。

成绩统计表					
学号	姓名	语文	数学	英语	备注
1	刘飞	85	84	76	
2	陈忆	94	89	88	
3	王峻锋	92	86	98	
4	倪妮	92	90	89	
5	秦皓成	92	73	92	
6	申雨	91	86	64	
7	孙欣	88	85	82	
8	陈彦	96	91	98	
9	谭波	90	86	76	
10	王佳佳	91	86	69	
11	唐利	78	86	98	
12	田伟	87	93	68	
13	田小伟	91	86	93	

图2-1

成绩统计表									
学号	姓名	性别	班级	身份证	语文	数学	英语	总分	备注
1	刘飞	男	21计应1	318423199201068674	85	84	76		
2	陈忆	女			94	89	88		
3	王峻峰				92	86	98		
4	倪妮				92	90	89		
5	秦皓成				92	73	92		
6	申雨				91	86	64		
7	孙欣				88	85	82		
8	陈彦				96	91	98		
9	谭波				90	86	76		
10	王佳佳				91	86	69		
11	唐利				78	86	98		
12	田伟				87	93	68		
13	田小伟				91	86	93		

图2-2

任务实施

表格基本操作

任务一　表格基本操作

步骤1　打开WPS表格软件的工作界面，依次点击【文件】→【新建】→【新建表格】→【空白表格】，新建空白表格“工作簿1”，如图2-3所示。也可按快捷键【Ctrl+N】快速创建一个空白表格。

成绩统计表

学号	姓名	语文	数学	英语	总分	备注
1	刘飞	85	84	76		
2	陈忆	94	89	88		
3	王峻锋	92	86	98		
4	倪妮	92	90	89		
5	秦皓成	92	73	92		
6	申雨	91	86	64		
7	孙欣	88	85	82		
8	陈彦	96	91	98		
9	谭波	90	86	76		
10	王佳佳	91	86	69		
11	唐利	78	86	98		
12	田伟	87	93	68		
13	田小伟	91	86	93		

图2-3

步骤2　依次点击【文件】→【保存】，在弹出的对话框中输入“成绩统计表”。也可按快捷键【Ctrl+S】保存文档。

步骤3　选中F列的任意单元格，在功能区中单击【行和列】，选择“插入单元格”，再选择“在上方插入行”并输入“1”，如图2-4所示。

步骤4　选中A1：G1单元格，在功能区中单击【合并居中】，在合并后的单元格内输入文字“成绩统计表”，如图2-5所示。

步骤5　选中A1单元格，在功能区中单击【行和列】，选择行高并输入“19磅”，单击确认。双击当前单元格选中文字，更改字号为“16磅”，如图2-6所示。

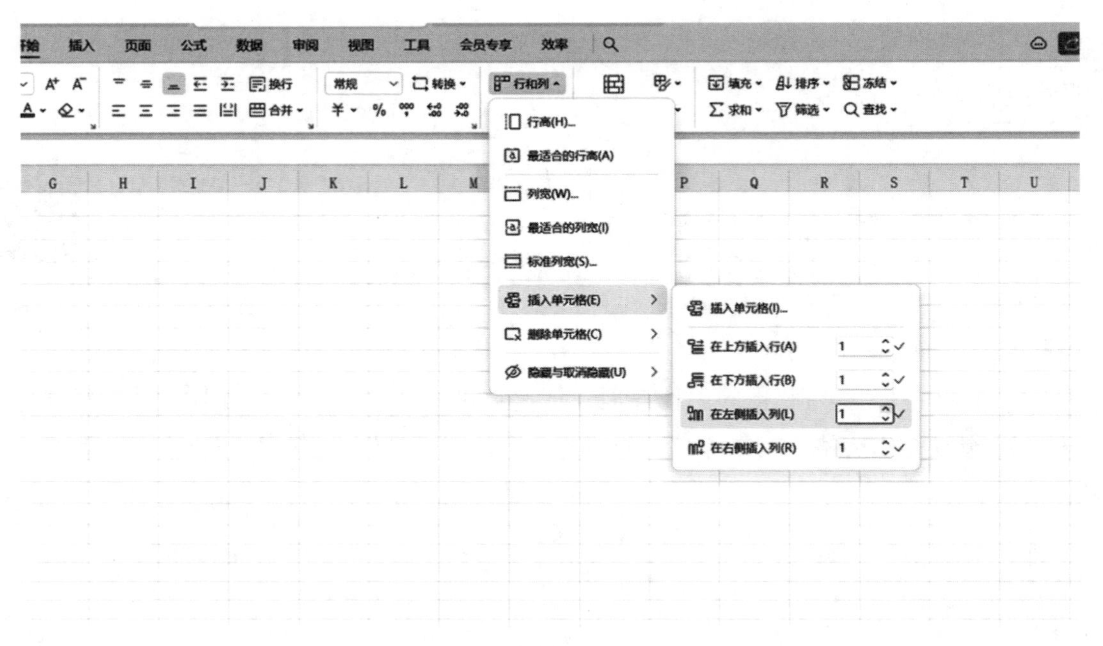

图2-4

A	B	C	D	E	F	G	H
成绩统计表							
学号	姓名	语文	数学	英语	总分	备注	
1	刘飞	85	84	76			
2	陈忆	94	89	88			
3	王峻峰	92	86	98			
4	倪妮	96	90	89			
5	秦皓成	86	73	92			
6	申雨	91	86	64			
7	孙欣	88	85	82			
8	陈彦	96	91	98			
9	谭波	90	86	76			
10	王加加	91	86	69			
11	唐利	78	86	98			
12	田魏	87	93	68			
13	田小为	91	86	93			

图2-5

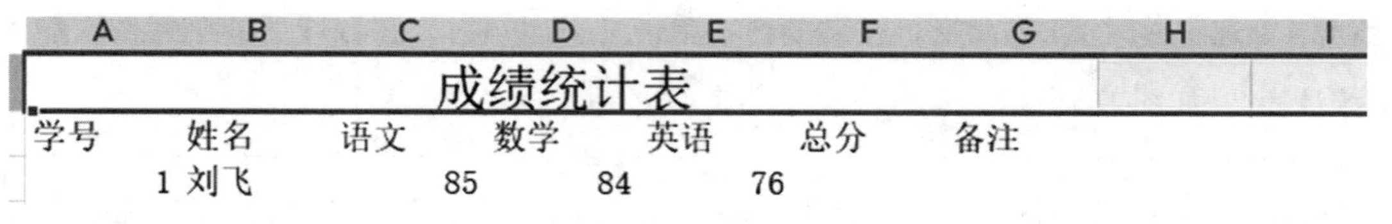

图2-6

步骤6 选中A1：G15单元格，在功能区中单击【☰】，使表格内的文字水平居中，如图2-7所示。

A	B	C	D	E	F	G
成绩统计表						
学号	姓名	语文	数学	英语	总分	备注
1	刘飞	85	84	76		
2	陈忆	94	89	88		
3	王峻峰	92	86	98		
4	倪妮	96	90	89		
5	秦皓成	86	73	92		
6	申雨	91	86	64		
7	孙欣	88	85	82		
8	陈彦	96	91	98		
9	谭波	90	86	76		
10	王加加	91	86	69		
11	唐利	78	86	98		
12	田魏	87	93	68		
13	田小为	91	86	93		

图2-7

步骤7 单击A1单元格，在功能区中选择【田▾】，按住【Ctrl】键分别选择C10、D14、E5、E10、E13后，在功能区中单击【A▾】，使字体颜色变为红色，如图2-8所示。

A	B	C	D	E	F	G
成绩统计表						
学号	姓名	语文	数学	英语	总分	备注
1	刘飞	85	84	76		
2	陈忆	94	89	88		
3	王峻峰	92	86	98		
4	倪妮	96	90	89		
5	秦皓成	86	73	92		
6	申雨	91	86	64		
7	孙欣	88	85	82		
8	陈彦	96	91	98		
9	谭波	90	86	76		
10	王加加	91	86	69		
11	唐利	78	86	98		
12	田魏	87	93	68		
13	田小为	91	86	93		

图2-8

步骤8 双击页面左下角“Sheet1”，并重命名为“成绩表”，如图2-9所示。依次点击【工作表】→【工作表标签】→【标签颜色】，选择标准色中的红色，如图2-10所示。

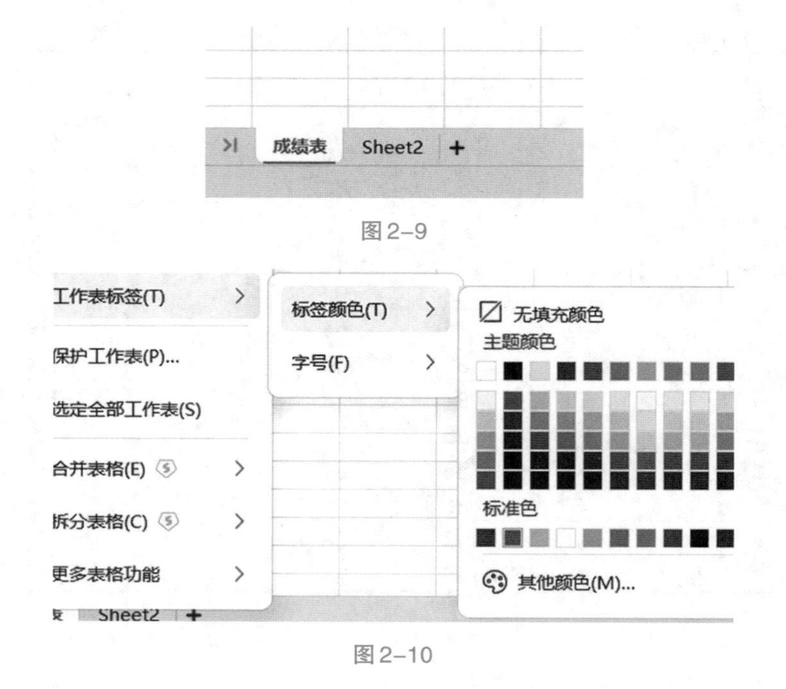

图2-9

图2-10

步骤9 选中A2：G15单元格，单击鼠标右键设置单元格格式，边框样式设置如图2-11所示。

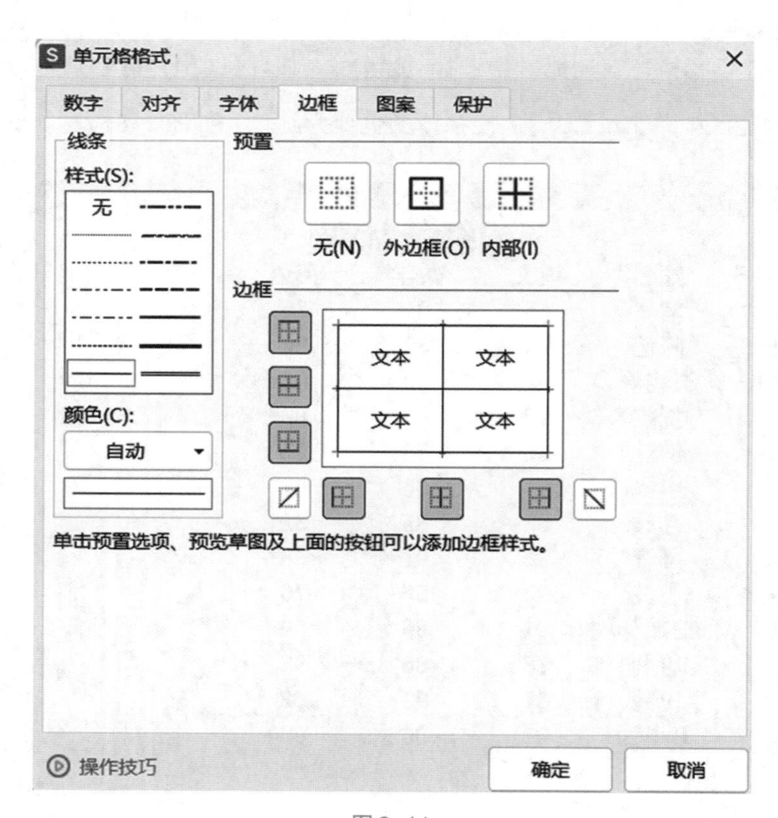

图2-11

友情提示

WPS表格主要用于电子表格的编辑，为了提高工作效率可使用快捷键进行相关操作，如新建的快捷键为【Ctrl+N】、保存的快捷键为【Ctrl+S】、全选的快捷键为【Ctrl+A】、复制的快捷键为【Ctrl+C】、剪切的快捷键为【Ctrl+X】、粘贴的快捷键为【Ctrl+V】、撤销的快捷键为【Ctrl+Z】、恢复的快捷键为【Ctrl+Y】、删除的快捷键为【Delete】或【Backspace】（按【Delete】键删除光标之后的文本，按【Backspace】键删除光标之前的文本）等。

任务二　查找替换、有效性、下拉列表

查找替换、有效性、下拉列表

步骤1　选中“成绩表”中的A1：G15单元格，并复制到工作表Sheet2中，如图2-12所示。

成绩统计表

学号	姓名	语文	数学	英语	总分	备注
1	刘飞	85	84	76		
2	陈忆	94	89	88		
3	王峻峰	92	86	98		
4	倪妮	96	90	89		
5	秦皓成	86	73	92		
6	申雨	91	86	64		
7	孙欣	88	85	82		
8	陈彦	96	91	98		
9	谭波	90	86	76		
10	王加加	91	86	69		
11	唐利	78	86	98		
12	田魏	87	93	68		
13	田小为	91	86	93		

图2-12

步骤2　选择C列单元格，点击鼠标右键选择在左边插入一列。依次点击【数据】→【有效性】，在“数据有效性”对话框的“设置”里选择“允许”下拉菜单里的“文本长度”，“数据”下拉菜单中选择“等于”，数值框输入“18”，如图2-13所示。在出错警告的标题框中输入“错误”，错误信息框内输入“请输入18位身份证号码”，如图2-14所示。

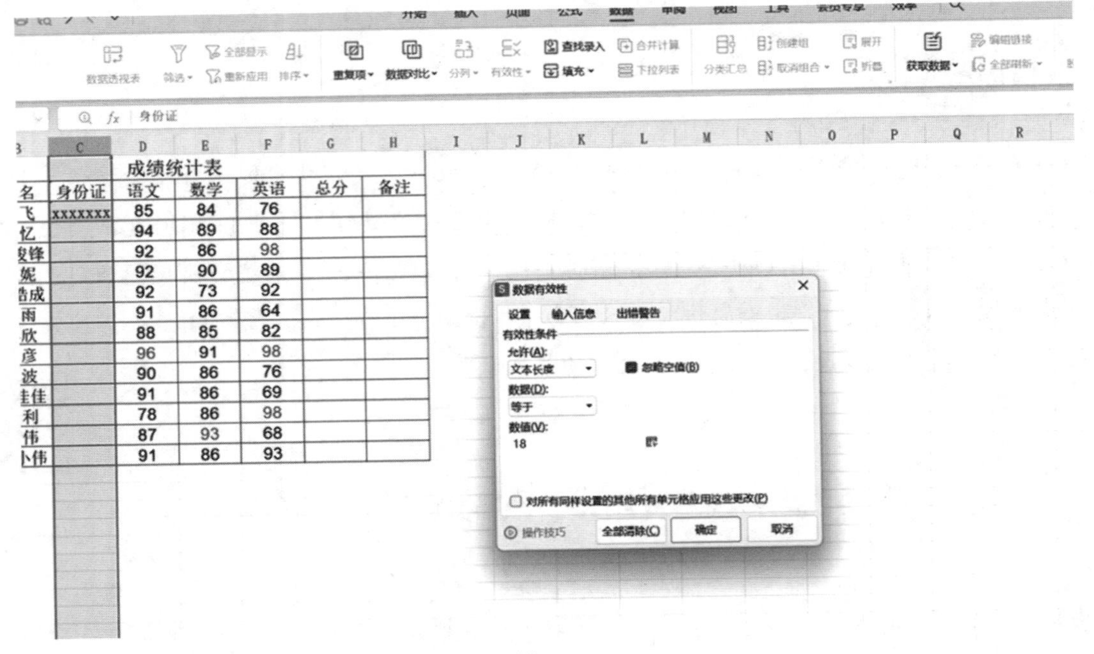

图2-13

成绩统计表

学号	姓名	身份证	语文	数学	英语	总分	备注
1	刘飞	xxxxxxx	85	84	76		
2	陈忆		94	89	88		
3	王峻锋		92	86	98		
4	倪妮		92	90	89		
5	秦皓成		92	73	92		
6	申雨		91	86	64		
7	孙欣		88	85	82		
8	陈彦		96	91	98		
9	谭波		90	86	76		
10	王佳佳		91	86	69		
11	唐利		78	86	98		
12	田伟		87	93	68		
13	田小伟		91	86	93		

数据有效性
设置　输入信息　出错警告
输入无效数据时显示出错警告(S)
输入无效数据时显示下列出错警告:
样式(Y): 停止
标题(T):
错误信息(E): 请输入18位身份证号码
操作技巧　全部清除(C)　确定　取消

图2-14

步骤3　选择菜单栏中的“开始”选项卡，点击“查找”，在查找内容框内输入“王峻锋”，点击“查找全部”，再点击“替换”，在替换为框内输入“王峻峰”，点击“全部替换”，点击“关闭”，如图2-15所示。

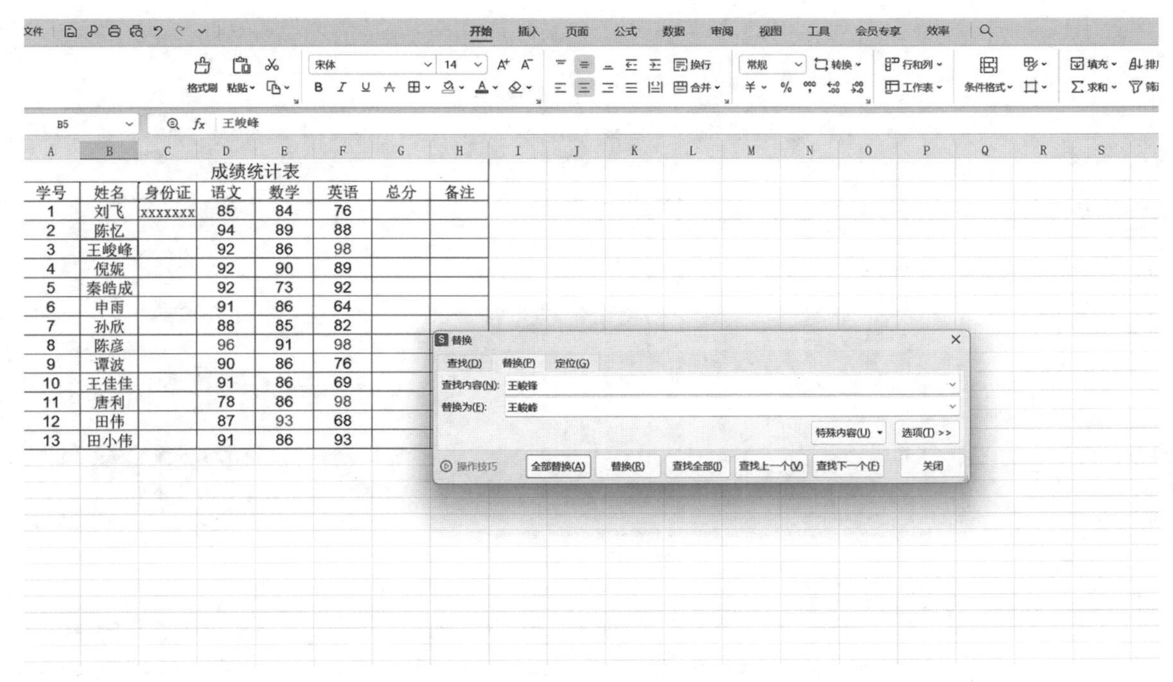

成绩统计表

学号	姓名	身份证	语文	数学	英语	总分	备注
1	刘飞	xxxxxxx	85	84	76		
2	陈忆		94	89	88		
3	王峻峰		92	86	98		
4	倪妮		92	90	89		
5	秦皓成		92	73	92		
6	申雨		91	86	64		
7	孙欣		88	85	82		
8	陈彦		96	91	98		
9	谭波		90	86	76		
10	王佳佳		91	86	69		
11	唐利		78	86	98		
12	田伟		87	93	68		
13	田小伟		91	86	93		

图2-15

步骤4 在B列右边插入一列并在C2单元格中输入“性别”。新建一个工作表Sheet3，在A1和A2单元格中分别输入男、女。选中C3：C15单元格，在“数据有效性”对话框“有效性条件”的“允许”下拉菜单中选择“序列”，选择工作表Sheet3，选中工作表Sheet3中的A1、A2单元格，点击确认，如图2-16～图2-18所示。

成绩统计表

学号	姓名	性别	身份证	语文	数学	英语	总分	备注
1	刘飞		318423199201068674	85	84	76		
2	陈忆			94	89	88		
3	王峻峰			92	86	98		
4	倪妮			92	90	89		
5	秦皓成			92	73	92		
6	申雨			91	86	64		
7	孙欣			88	85	82		
8	陈彦			96	91	98		
9	谭波			90	86	76		
10	王佳佳			91	86	69		
11	唐利			78	86	98		
12	田伟			87	93	68		
13	田小伟			91	86	93		

数据有效性
设置 输入信息 出错警告
有效性条件
允许(A): 序列
忽略空值(B)
提供下拉箭头(I)
数据(D): 介于
来源(S):
对所有同样设置的其他所有单元格应用这些更改(P)
操作技巧 全部清除(C) 确定 取消

图2-16

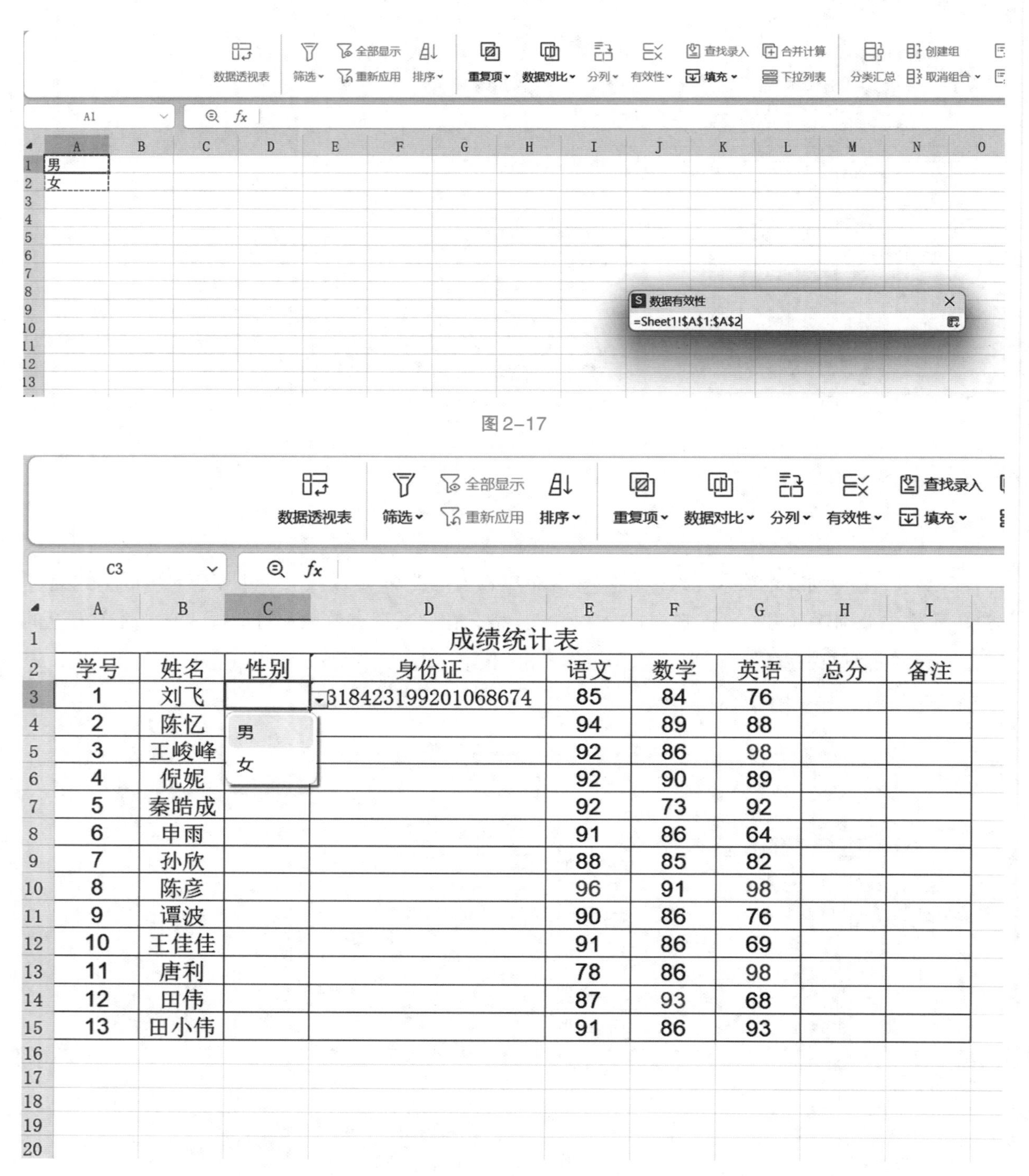

图2-17

成绩统计表								
学号	姓名	性别	身份证	语文	数学	英语	总分	备注
1	刘飞		318423199201068674	85	84	76		
2	陈忆			94	89	88		
3	王峻峰			92	86	98		
4	倪妮			92	90	89		
5	秦皓成			92	73	92		
6	申雨			91	86	64		
7	孙欣			88	85	82		
8	陈彦			96	91	98		
9	谭波			90	86	76		
10	王佳佳			91	86	69		
11	唐利			78	86	98		
12	田伟			87	93	68		
13	田小伟			91	86	93		

图2-18

步骤5 在C列右侧插入一列。选中D3：D15单元格，选择“数据”选项卡，点击“下拉列表”，在弹出的“插入下拉列表”对话框的“手动添加下拉选项”中输入“21计应1”，再点击该对话框右上角的【添加】按钮，输入“21计应2”，单击【确定】按钮，如图2-19所示。

数据透视表
筛选
全部显示
重新应用
排序
重复项
数据对比
分列
有效性
查找录入
填充
合并计算
下拉列表
分类汇总
创建组
取消组合
展开
折叠
获取数据
编辑链接
全部刷新
股票
D3
成绩统计表
学号
姓名
性别
班级
身份证
语文
数学
英语
总分
备注
1
刘飞
男
318423199201068674
85
84
76
2
陈忆
女
94
89
88
3
王峻峰
92
86
98
4
倪妮
92
90
89
5
秦皓成
92
73
6
申雨
91
86
7
孙欣
88
85
8
陈彦
96
91
9
谭波
90
86
10
王佳佳
91
86
11
唐利
78
86
12
田伟
87
93
13
田小伟
91
86
插入下拉列表
手动添加下拉选项
21计应1
21计应2
从单元格选择下拉选项
=Sheet1!$A$1:$A$2
对有同样设置的其他单元格应用这些更改(P)
全部清除
操作技巧
确定
取消

图2-19

案例二

制作生产统计表

案例背景

不同的工种会遇到不同的数据，为了更好地管理和分析数据，提高工作效率，我们需要对数据进行格式化处理。此外，在日常工作中，经常会遇到页眉与页脚的设置、纸张方向的调整等问题，那么我们可以对表格页面布局做哪些基础设置呢？就让我们带着这样的疑问深入了解并掌握这些设置方法。本案例通过制作一个生产统计表来深入了解和掌握WPS表格单元格格式的设置和条件格式的设置。

知识技能

完成本案例任务并达成如下目标。

（1）掌握条件格式和单元格格式的设置方法。

（2）掌握多种格式的设置方法。

（3）使用条件格式，突出显示满足特定条件的单元格。

（4）理解不同条件规则之间的区别和联系。

（5）会根据需要调整页面参数。

（6）会设置表格的页眉和页脚。

效果展示

效果展示如图 2-20 所示。

生产统计表						
名称组别	编号	产品型号	生产日期	生产量（件）	产品合格率（百分比）	销售额（元）
一组	0001	AB01	二〇〇二年一月三日	2156500	95.00%	¥54,202,000.00
二组	0002	AB02	二〇〇二年二月五日	365500	96.00%	¥657,800.00
三组	0003	AB03	二〇〇二年三月五日	645500	85.00%	¥64,160,000.00
四组	0004	AB04	二〇〇二年四月二十一日	2366000	89.00%	¥656,546,510.00
五组	0005	AB05	二〇〇二年六月二十四日	6566000	95.00%	¥464,000.00
六组	0006	AB06	二〇〇二年十月四日	21566400	75.00%	¥6,566,960.00
七组	0007	AB07	二〇〇二年八月十八日	22546000	86.00%	¥368,000.00
八组	0008	AB08	二〇〇二年六月二十八日	35214600	89.00%	¥699,656,300.00
九组	0009	AB09	二〇〇二年八月十六日	2666420	91.00%	¥699,656,300.00
十组	0010	AB10	二〇〇二年五月四日	3569800	92.00%	¥56,565.00
十一组	0011	AB11	二〇〇二年八月十七日	3256400	95.35%	¥52,656,352.00
十二组	0012	AB12	二〇〇二年八月十四日	3256990	91.00%	¥65,482.00
十三组	0013	AB13	二〇〇二年七月二十三日	26541100	95.00%	¥5,265,463.00
十四组	0014	AB14	二〇〇二年十一月十二日	5665200	93.00%	¥546,625.00
十五组	0015	AB15	二〇〇二年十一月二十四日	5266552000	94.21%	¥5,545,460.00
十六组	0016	AB16	二〇〇二年七月十二日	566525200	95.32%	¥6,554,950.00
十七组	0017	AB17	二〇〇二年二月二十一日	566555252	91.35%	¥265,600.00

图 2-20

任务实施

表格格式设置

任务一　表格格式设置

步骤 1　打开 WPS Office 软件，依次点击【首页】→【新建】→【新建表格】→【空白表格】，新建空白表格“工作簿 1”，如图 2-21 所示。也可按快捷键【Ctrl+N】快速创建一个空白表格。

图 2-21

步骤2 依次点击【文件】→【保存】，在弹出的对话框中输入“生产统计表”。也可按快捷键【Ctrl+S】保存文档。

步骤3 根据图2-20输入内容，如图2-22所示。

生产统计表						
名称组别	编号	产品型号	生产日期	生产量（件）	产品合格率（百分比）	销售额（元）
一组		AB01	37259	2156500	0.95	54202000
二组		AB02	37292	365500	0.96	657800
三组		AB03	37320	645500	0.85	64160000
四组		AB04	37367	2366000	0.89	656546510
五组		AB05	37431	6566000	0.95	464000
六组		AB06	37533	21566400	0.75	6566960
七组		AB07	37486	22546000	0.86	368000
八组		AB08	37435	35214600	0.89	699656300
九组		AB09	37484	2666420	0.91	699656300
十组		AB10	37380	3569800	0.92	56565
十一组		AB11	37485	3256400	0.9535	52656352
十二组		AB12	37482	3256990	0.91	65482
十三组		AB13	37460	26541100	0.95	5265463
十四组		AB14	37572	5665200	0.93	546625
十五组		AB15	37584	5266552000	0.9421	5545460
十六组		AB16	37449	566525200	0.9532	6554950
十七组		AB17	37308	566555252	0.9135	265600

图2-22

步骤4 选中B3：B19单元格，单击鼠标右键，选择“设置单元格格式”，在“数字”选项卡的“分类”菜单栏中选择“文本”，然后输入相应编号，如图2-23和图2-24所示。

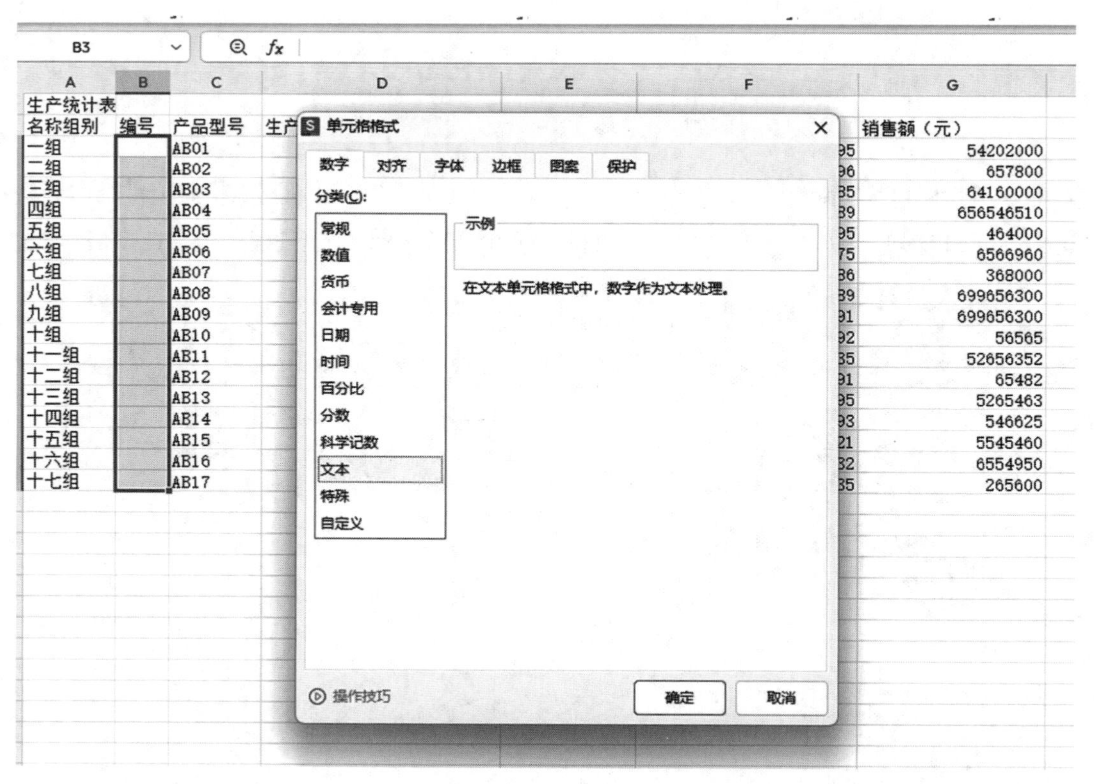

图2-23

A	B	C	D	E	F	G
生产统计表						
名称组别	编号	产品型号	生产日期	生产量（件）	产品合格率（百分比）	销售额（元）
一组	0001	AB01	37259	2156500	0.95	54202000
二组	0002	AB02	37292	365500	0.96	657800
三组	0003	AB03	37320	645500	0.85	64160000
四组	0004	AB04	37367	2366000	0.89	656546510
五组	0005	AB05	37431	6566000	0.95	464000
六组	0006	AB06	37533	21566400	0.75	6566960
七组	0007	AB07	37486	22546000	0.86	368000
八组	0008	AB08	37435	35214600	0.89	699656300
九组	0009	AB09	37484	2666420	0.91	699656300
十组	0010	AB10	37380	3569800	0.92	56565
十一组	0011	AB11	37485	3256400	0.9535	52656352
十二组	0012	AB12	37482	3256990	0.91	65482
十三组	0013	AB13	37460	26541100	0.95	5265463
十四组	0014	AB14	37572	5665200	0.93	546625
十五组	0015	AB15	37584	5266552000	0.9421	5545460
十六组	0016	AB16	37449	566525200	0.9532	6554950
十七组	0017	AB17	37308	566555252	0.9135	265600

图2-24

步骤5　选中A1：G1单元格，在功能区中单击【合并】，双击当前单元格选中文字，将字体设置为“华文中宋”，字号设置为“28”，如图2-25所示。

A	B	C	D	E	F	G
生产统计表						
名称组别	编号	产品型号	生产日期	生产量（件）	产品合格率（百分比）	销售额（元）
一组	0001	AB01	37259	2156500	0.95	54202000
二组	0002	AB02	37292	365500	0.96	657800
三组	0003	AB03	37320	645500	0.85	64160000
四组	0004	AB04	37367	2366000	0.89	656546510
五组	0005	AB05	37431	6566000	0.95	464000
六组	0006	AB06	37533	21566400	0.75	6566960
七组	0007	AB07	37486	22546000	0.86	368000
八组	0008	AB08	37435	35214600	0.89	699656300
九组	0009	AB09	37484	2666420	0.91	699656300
十组	0010	AB10	37380	3569800	0.92	56565
十一组	0011	AB11	37485	3256400	0.9535	52656352
十二组	0012	AB12	37482	3256990	0.91	65482
十三组	0013	AB13	37460	26541100	0.95	5265463
十四组	0014	AB14	37572	5665200	0.93	546625
十五组	0015	AB15	37584	5266552000	0.9421	5545460
十六组	0016	AB16	37449	566525200	0.9532	6554950
十七组	0017	AB17	37308	566555252	0.9135	265600

图2-25

步骤6　选中D3：D19单元格，单击鼠标右键，选择“设置单元格格式”，在“数字”选项卡的“分类”菜单栏中选择“日期”，类型选择“二〇〇一年三月七日”，如图2-26、图2-27所示。

步骤7　选中F3：F19单元格，单击鼠标右键，选择“设置单元格格式”，在“数字”选项卡的“分类”菜单栏中选择“百分比”，把百分比中的小数位数设置为“2”，如图2-28、图2-29所示。

步骤8　选中G3：G19单元格，单击鼠标右键，选择“设置单元格格式”，在“数字”选项卡的“分类”菜单栏中选择“货币”，小数位数设置为“2”，如图2-30、图2-31所示。

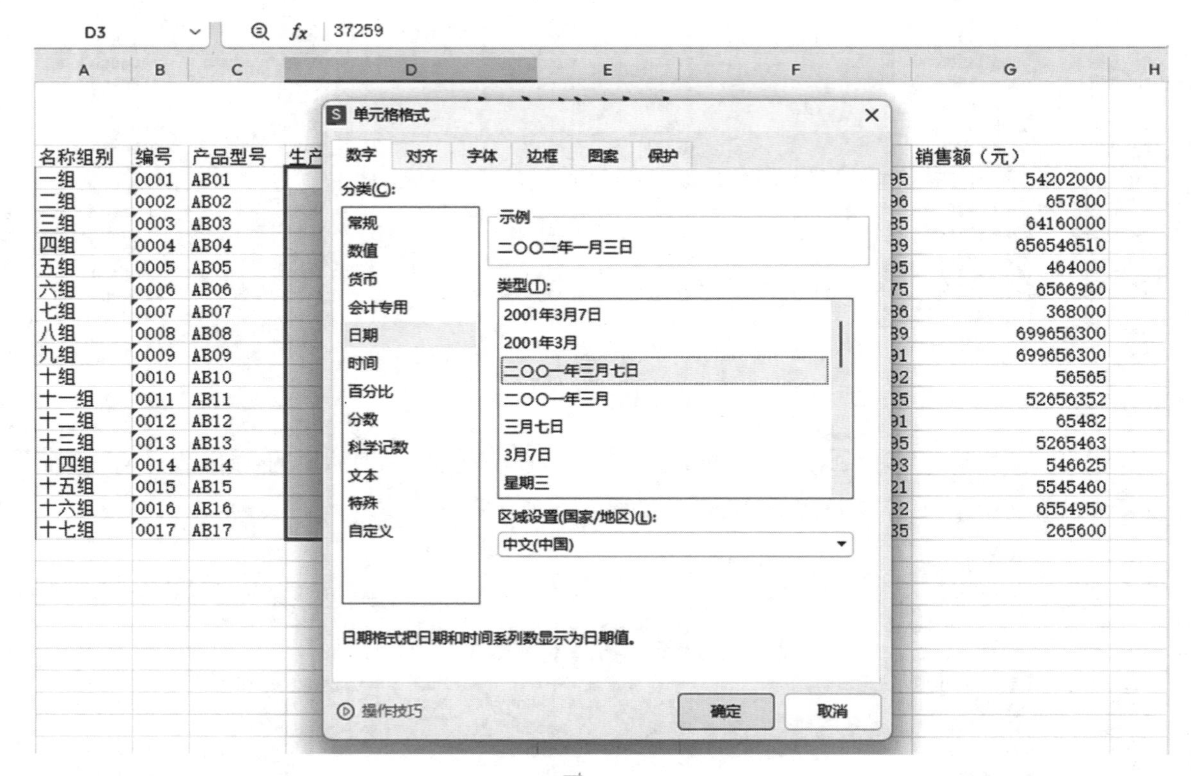

图2-26

生产统计表

名称组别	编号	产品型号	生产日期	生产量（件）	产品合格率（百分比）	销售额（元）
一组	0001	AB01	二〇〇二年一月三日	2156500	0.95	54202000
二组	0002	AB02	二〇〇二年二月五日	365500	0.96	657800
三组	0003	AB03	二〇〇二年三月五日	645500	0.85	64160000
四组	0004	AB04	二〇〇二年四月二十一日	2366000	0.89	656546510
五组	0005	AB05	二〇〇二年六月二十四日	6566000	0.95	464000
六组	0006	AB06	二〇〇二年十月四日	21566400	0.75	6566960
七组	0007	AB07	二〇〇二年八月十八日	22546000	0.86	368000
八组	0008	AB08	二〇〇二年六月二十八日	35214600	0.89	699656300
九组	0009	AB09	二〇〇二年八月十六日	2666420	0.91	699656300
十组	0010	AB10	二〇〇二年五月四日	3569800	0.92	56565
十一组	0011	AB11	二〇〇二年八月十七日	3256400	0.9535	52656352
十二组	0012	AB12	二〇〇二年八月十四日	3256990	0.91	65482
十三组	0013	AB13	二〇〇二年七月二十三日	26541100	0.95	5265463
十四组	0014	AB14	二〇〇二年十一月十二日	5665200	0.93	546625
十五组	0015	AB15	二〇〇二年十一月二十四日	5266552000	0.9421	5545460
十六组	0016	AB16	二〇〇二年七月十二日	566525200	0.9532	6554950
十七组	0017	AB17	二〇〇二年二月二十一日	566555252	0.9135	265600

图2-27

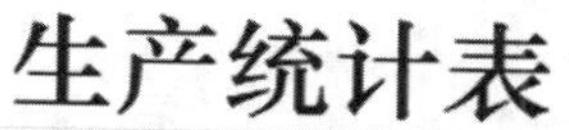

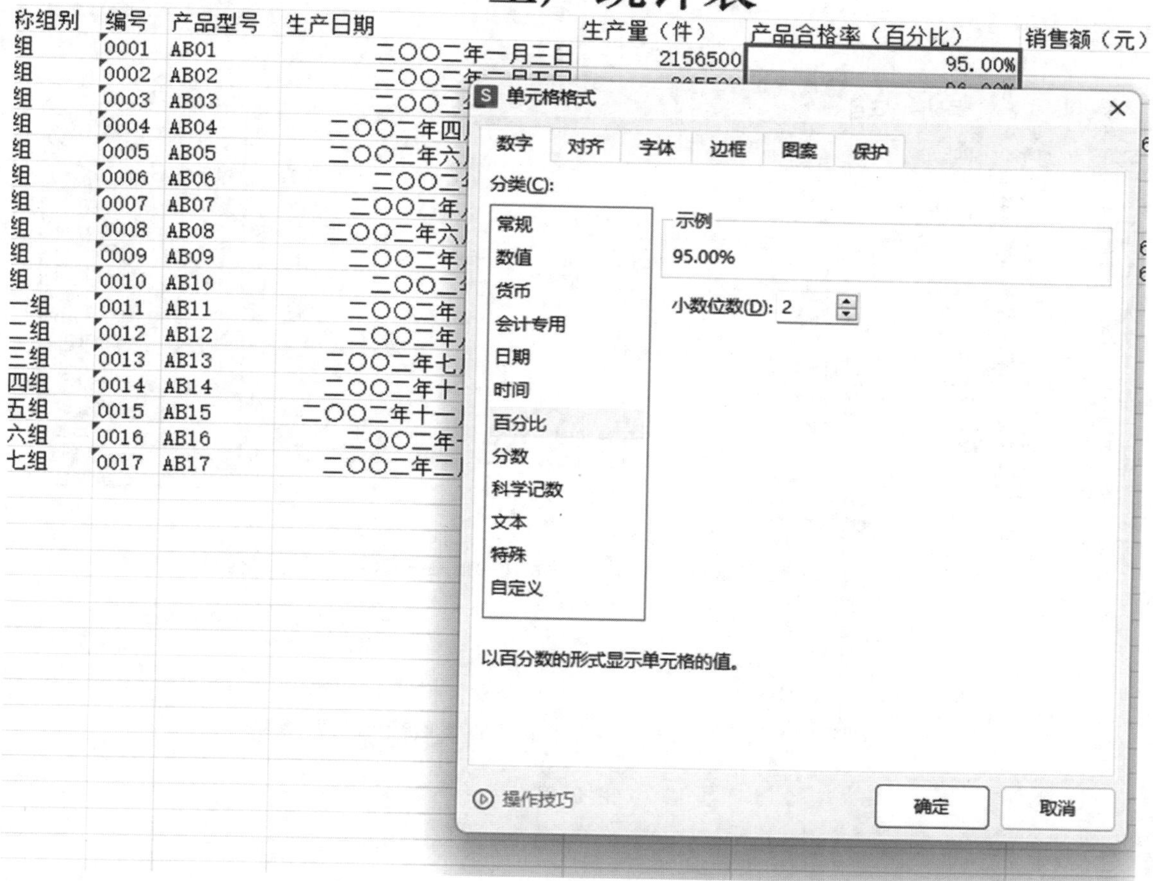

图 2-28

生产统计表

称组别	编号	产品型号	生产日期	生产量（件）	产品合格率（百分比）	销售额（元）
一组	0001	AB01	二〇〇二年一月三日	2156500	95.00%	54202000
二组	0002	AB02	二〇〇二年二月五日	365500	96.00%	657800
三组	0003	AB03	二〇〇二年三月五日	645500	85.00%	64160000
四组	0004	AB04	二〇〇二年四月二十一日	2366000	89.00%	656546510
五组	0005	AB05	二〇〇二年六月二十四日	6566000	95.00%	464000
六组	0006	AB06	二〇〇二年十月四日	21566400	75.00%	6566960
七组	0007	AB07	二〇〇二年八月十八日	22546000	86.00%	368000
八组	0008	AB08	二〇〇二年六月二十八日	35214600	89.00%	699656300
九组	0009	AB09	二〇〇二年八月十六日	2666420	91.00%	699656300
十组	0010	AB10	二〇〇二年五月四日	3569800	92.00%	56565
十一组	0011	AB11	二〇〇二年八月十七日	3256400	95.35%	52656352
十二组	0012	AB12	二〇〇二年八月十四日	3256990	91.00%	65482
十三组	0013	AB13	二〇〇二年七月二十三日	26541100	95.00%	5265463
十四组	0014	AB14	二〇〇二年十一月十二日	5665200	93.00%	546625
十五组	0015	AB15	二〇〇二年十一月二十四日	5266552000	94.21%	5545460
十六组	0016	AB16	二〇〇二年七月十二日	566525200	95.32%	6554950
十七组	0017	AB17	二〇〇二年二月二十一日	566555252	91.35%	265600

图 2-29

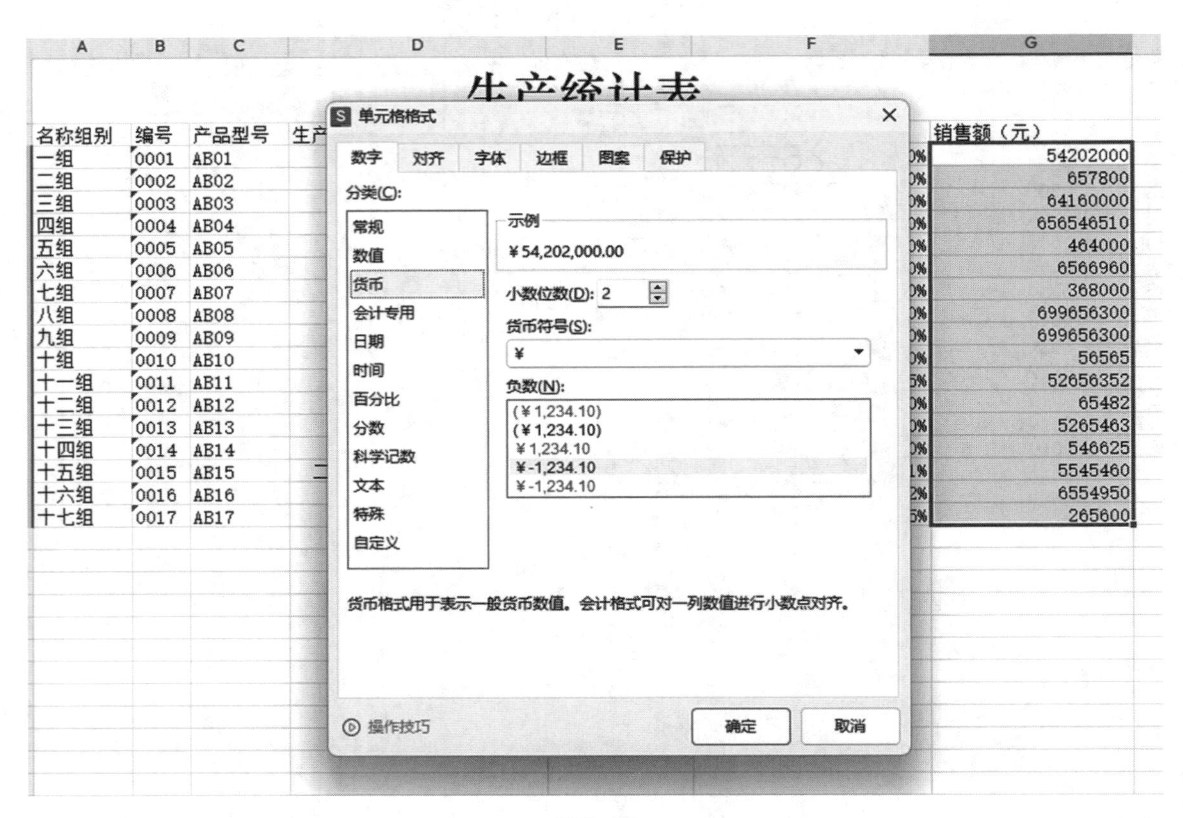

图 2–30

生产统计表

名称组别	编号	产品型号	生产日期	生产量（件）	产品合格率（百分比）	销售额（元）
一组	0001	AB01	二〇〇二年一月三日	2156500	95.00%	¥54,202,000.00
二组	0002	AB02	二〇〇二年二月五日	365500	96.00%	¥657,800.00
三组	0003	AB03	二〇〇二年三月五日	645500	85.00%	¥64,160,000.00
四组	0004	AB04	二〇〇二年四月二十一日	2366000	89.00%	¥656,546,510.00
五组	0005	AB05	二〇〇二年六月二十四日	6566000	95.00%	¥464,000.00
六组	0006	AB06	二〇〇二年十月四日	21566400	75.00%	¥6,566,960.00
七组	0007	AB07	二〇〇二年八月十八日	22546000	86.00%	¥368,000.00
八组	0008	AB08	二〇〇二年六月二十八日	35214600	89.00%	¥699,656,300.00
九组	0009	AB09	二〇〇二年八月十六日	2666420	91.00%	¥699,656,300.00
十组	0010	AB10	二〇〇二年五月四日	3569800	92.00%	¥56,565.00
十一组	0011	AB11	二〇〇二年八月十七日	3256400	95.35%	¥52,656,352.00
十二组	0012	AB12	二〇〇二年八月十四日	3256990	91.00%	¥65,482.00
十三组	0013	AB13	二〇〇二年七月二十三日	26541100	95.00%	¥5,265,463.00
十四组	0014	AB14	二〇〇二年十一月十二日	5665200	93.00%	¥546,625.00
十五组	0015	AB15	二〇〇二年十一月二十四日	5266552000	94.21%	¥5,545,460.00
十六组	0016	AB16	二〇〇二年七月十二日	566525200	95.32%	¥6,554,950.00
十七组	0017	AB17	二〇〇二年二月二十一日	566555252	91.35%	¥265,600.00

图 2–31

步骤9　选中G3：G19单元格，点击工具栏中的【条件格式】，选择“突出显示单元格规则”中的“大于”，设置销售额大于60000000元的单元格填充为“黄填充色深黄色文本”，如图2-32、图2-33所示。

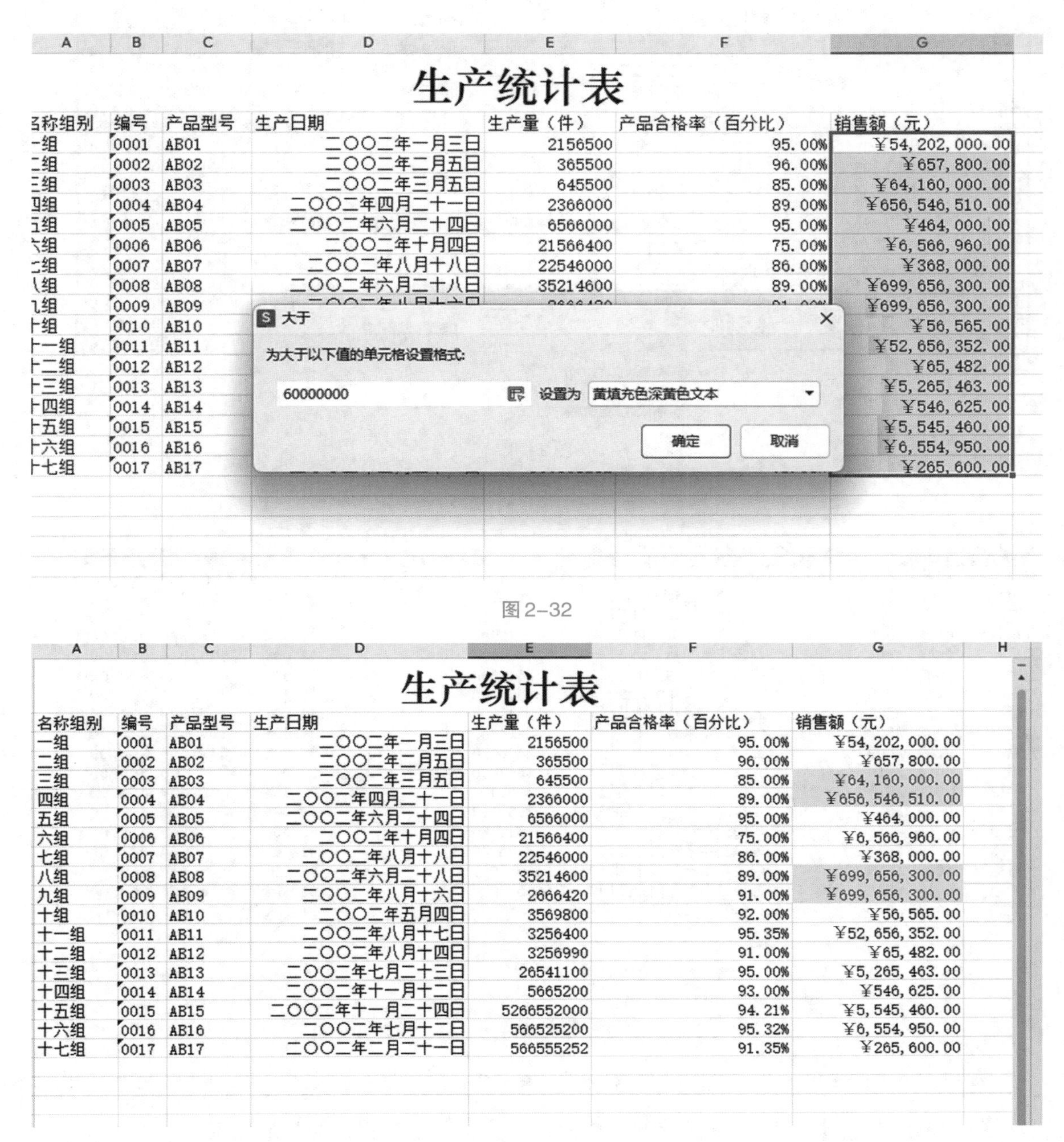

图2-32

生产统计表

名称组别	编号	产品型号	生产日期	生产量（件）	产品合格率（百分比）	销售额（元）
一组	0001	AB01	二〇〇二年一月三日	2156500	95.00%	¥54,202,000.00
二组	0002	AB02	二〇〇二年二月五日	365500	96.00%	¥657,800.00
三组	0003	AB03	二〇〇二年三月五日	645500	85.00%	¥64,160,000.00
四组	0004	AB04	二〇〇二年四月二十一日	2366000	89.00%	¥656,546,510.00
五组	0005	AB05	二〇〇二年六月二十四日	6566000	95.00%	¥464,000.00
六组	0006	AB06	二〇〇二年十月四日	21566400	75.00%	¥6,566,960.00
七组	0007	AB07	二〇〇二年八月十八日	22546000	86.00%	¥368,000.00
八组	0008	AB08	二〇〇二年六月二十八日	35214600	89.00%	¥699,656,300.00
九组	0009	AB09	二〇〇二年八月十六日	2666420	91.00%	¥699,656,300.00
十组	0010	AB10	二〇〇二年五月四日	3569800	92.00%	¥56,565.00
十一组	0011	AB11	二〇〇二年八月十七日	3256400	95.35%	¥52,656,352.00
十二组	0012	AB12	二〇〇二年八月十四日	3256990	91.00%	¥65,482.00
十三组	0013	AB13	二〇〇二年七月二十三日	26541100	95.00%	¥5,265,463.00
十四组	0014	AB14	二〇〇二年十一月十二日	5665200	93.00%	¥546,625.00
十五组	0015	AB15	二〇〇二年十一月二十四日	5266552000	94.21%	¥5,545,460.00
十六组	0016	AB16	二〇〇二年七月十二日	566525200	95.32%	¥6,554,950.00
十七组	0017	AB17	二〇〇二年二月二十一日	566555252	91.35%	¥265,600.00

图2-33

步骤10 选中整个表格，在功能区中单击【[icon]】，选择深色系中的“表样式9”，如图2-34、图2-35所示。

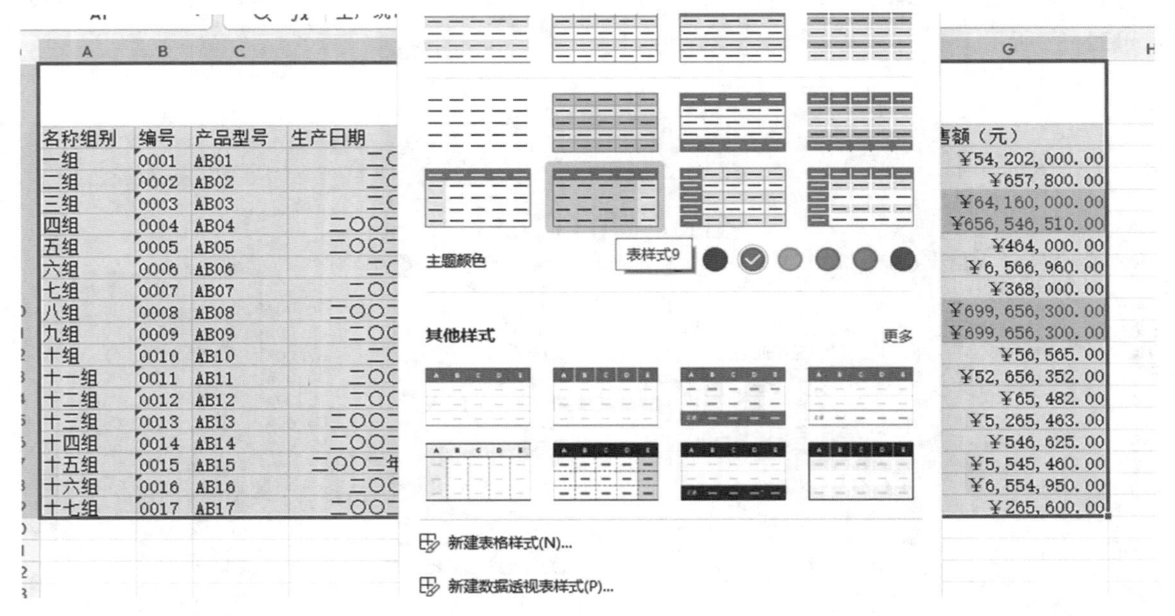

图2-34

生产统计表						
名称组别	编号	产品型号	生产日期	生产量（件）	产品合格率（百分比）	销售额（元）
一组	0001	AB01	二〇〇二年一月三日	2156500	95.00%	¥54,202,000.00
二组	0002	AB02	二〇〇二年二月五日	365500	96.00%	¥657,800.00
三组	0003	AB03	二〇〇二年三月五日	645500	85.00%	¥64,160,000.00
四组	0004	AB04	二〇〇二年四月二十一日	2366000	89.00%	¥656,546,510.00
五组	0005	AB05	二〇〇二年六月二十四日	6566000	95.00%	¥464,000.00
六组	0006	AB06	二〇〇二年十月四日	21566400	75.00%	¥6,566,960.00
七组	0007	AB07	二〇〇二年八月十八日	22546000	86.00%	¥368,000.00
八组	0008	AB08	二〇〇二年六月二十八日	35214600	89.00%	¥699,656,300.00
九组	0009	AB09	二〇〇二年八月十六日	2666420	91.00%	¥699,656,300.00
十组	0010	AB10	二〇〇二年五月四日	3569800	92.00%	¥56,565.00
十一组	0011	AB11	二〇〇二年八月十七日	3256400	95.35%	¥52,656,352.00
十二组	0012	AB12	二〇〇二年八月十四日	3256990	91.00%	¥65,482.00
十三组	0013	AB13	二〇〇二年七月二十三日	26541100	95.00%	¥5,265,463.00
十四组	0014	AB14	二〇〇二年十一月十二日	5665200	93.00%	¥546,625.00
十五组	0015	AB15	二〇〇二年十一月二十四日	5266552000	94.21%	¥5,545,460.00
十六组	0016	AB16	二〇〇二年七月十二日	566525200	95.32%	¥6,554,950.00
十七组	0017	AB17	二〇〇二年二月二十一日	566555252	91.35%	¥265,600.00

图2-35

步骤11 选中A1单元格，双击单元格将文字大小改为“28”。选中A2：G2单元格，鼠标右击单元格，点击【三】将文字对齐方式设置为“水平居中”，如图2-36所示。

A	B	C	D	E	F	G
生产统计表						
名称组别	编号	产品型号	生产日期	生产量（件）	产品合格率（百分比）	销售额（元）
一组	0001	AB01	二〇〇二年一月三日	2156500	95.00%	¥54,202,000.00
二组	0002	AB02	二〇〇二年二月五日	365500	96.00%	¥657,800.00
三组	0003	AB03	二〇〇二年三月五日	645500	85.00%	¥64,160,000.00
四组	0004	AB04	二〇〇二年四月二十一日	2366000	89.00%	¥656,546,510.00
五组	0005	AB05	二〇〇二年六月二十四日	6566000	95.00%	¥464,000.00
六组	0006	AB06	二〇〇二年十月四日	21566400	75.00%	¥6,566,960.00
七组	0007	AB07	二〇〇二年八月十八日	22546000	86.00%	¥368,000.00
八组	0008	AB08	二〇〇二年六月二十八日	35214600	89.00%	¥699,656,300.00
九组	0009	AB09	二〇〇二年八月十六日	2666420	91.00%	¥699,656,300.00
十组	0010	AB10	二〇〇二年五月四日	3569800	92.00%	¥56,565.00
十一组	0011	AB11	二〇〇二年八月十七日	3256400	95.35%	¥52,656,352.00
十二组	0012	AB12	二〇〇二年八月十四日	3256990	91.00%	¥65,482.00
十三组	0013	AB13	二〇〇二年七月二十三日	26541100	95.00%	¥5,265,463.00
十四组	0014	AB14	二〇〇二年十一月十二日	5665200	93.00%	¥546,625.00
十五组	0015	AB15	二〇〇二年十一月二十四日	5266552000	94.21%	¥5,545,460.00
十六组	0016	AB16	二〇〇二年七月十二日	566525200	95.32%	¥6,554,950.00
十七组	0017	AB17	二〇〇二年二月二十一日	566555252	91.35%	¥265,600.00

图2-36

友情提示

C3：C19单元格内的数值是连续递增的，为快速地将数据依次输入单元格，可先选中C3单元格，并输入“AB01”，然后单击该单元格右下角的加号，按住鼠标左键拖动到C19单元格。按快捷键【Ctrl+1】可以直接打开“单元格格式”对话框。

表格页面设置

任务二　表格页面设置

步骤1　打开WPS Office软件，依次点击【首页】→【打开】→【生产统计表】，打开“生产统计表”，如图2-37所示。

生产统计表						
名称组别	编号	产品型号	生产日期	生产量（件）	产品合格率（百分比）	销售额（元）
一组	0001	AB01	二〇〇二年一月三日	2156500	95.00%	¥54,202,000.00
二组	0002	AB02	二〇〇二年二月五日	365500	96.00%	¥657,800.00
三组	0003	AB03	二〇〇二年三月五日	645500	85.00%	¥64,160,000.00
四组	0004	AB04	二〇〇二年四月二十一日	2366000	89.00%	¥656,546,510.00
五组	0005	AB05	二〇〇二年六月二十四日	6566000	95.00%	¥464,000.00
六组	0006	AB06	二〇〇二年十月四日	21566400	75.00%	¥6,566,960.00
七组	0007	AB07	二〇〇二年八月十八日	22546000	86.00%	¥368,000.00
八组	0008	AB08	二〇〇二年六月二十八日	35214600	89.00%	¥699,656,300.00
九组	0009	AB09	二〇〇二年八月十六日	2666420	91.00%	¥699,656,300.00
十组	0010	AB10	二〇〇二年五月四日	3569800	92.00%	¥56,565.00
十一组	0011	AB11	二〇〇二年八月十七日	3256400	95.35%	¥52,656,352.00
十二组	0012	AB12	二〇〇二年八月十四日	3256990	91.00%	¥65,482.00
十三组	0013	AB13	二〇〇二年七月二十三日	26541100	95.00%	¥5,265,463.00
十四组	0014	AB14	二〇〇二年十一月十二日	5665200	93.00%	¥546,625.00
十五组	0015	AB15	二〇〇二年十一月二十四日	5266552000	94.21%	¥5,545,460.00
十六组	0016	AB16	二〇〇二年七月十二日	566525200	95.32%	¥6,554,950.00
十七组	0017	AB17	二〇〇二年二月二十一日	566555252	91.35%	¥265,600.00

图2-37

步骤2 选择“页面”选项卡，设置纸张大小为A4，再设置纸张方向为横向，如图2-38、图2-39所示。

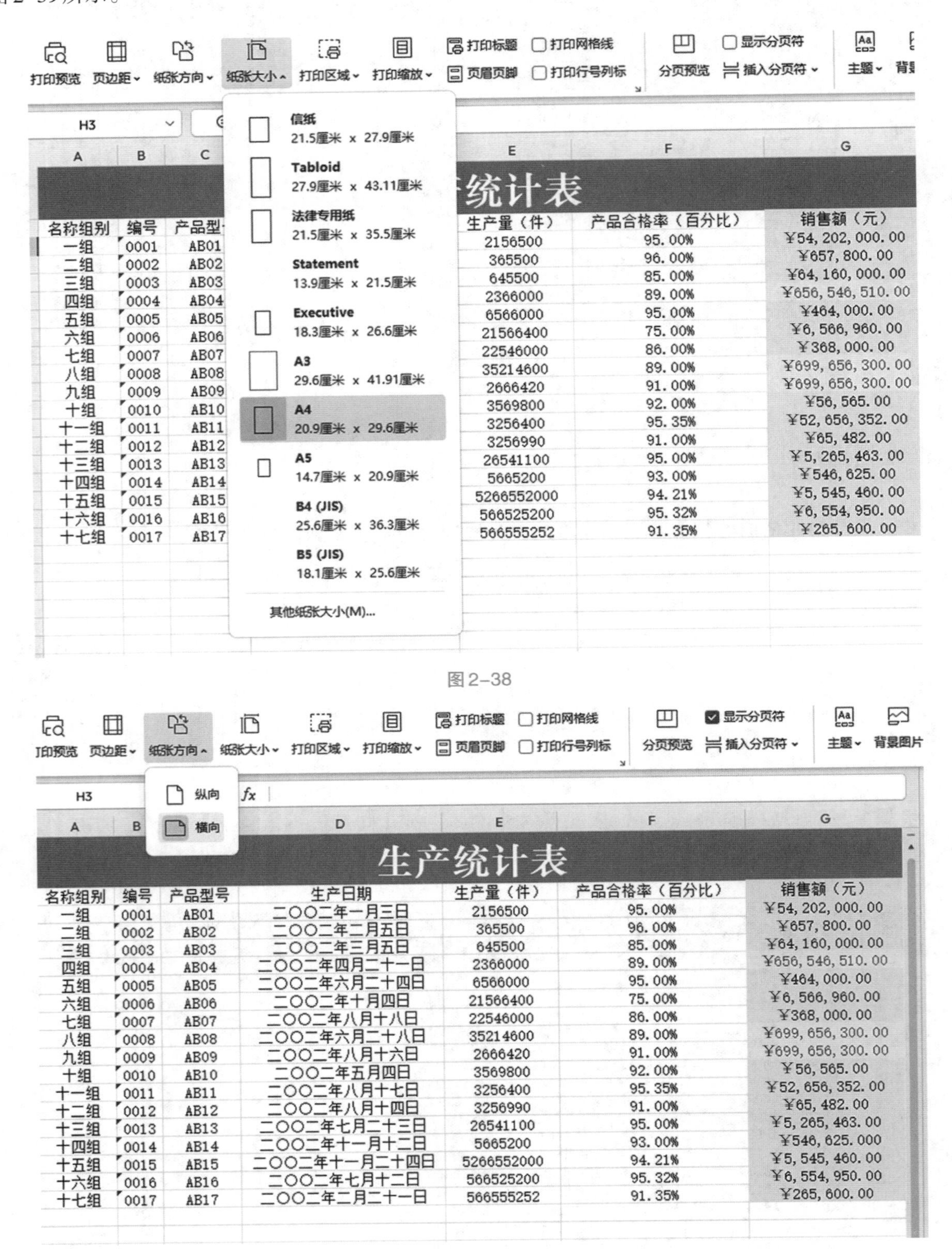

图2-38

图2-39

步骤3 选择“页面”选项卡，在【页边距】下拉菜单中选择“自定义页边距”，将页边距设置为上、下均为2厘米，左、右均为1.5厘米，如图2-40所示。

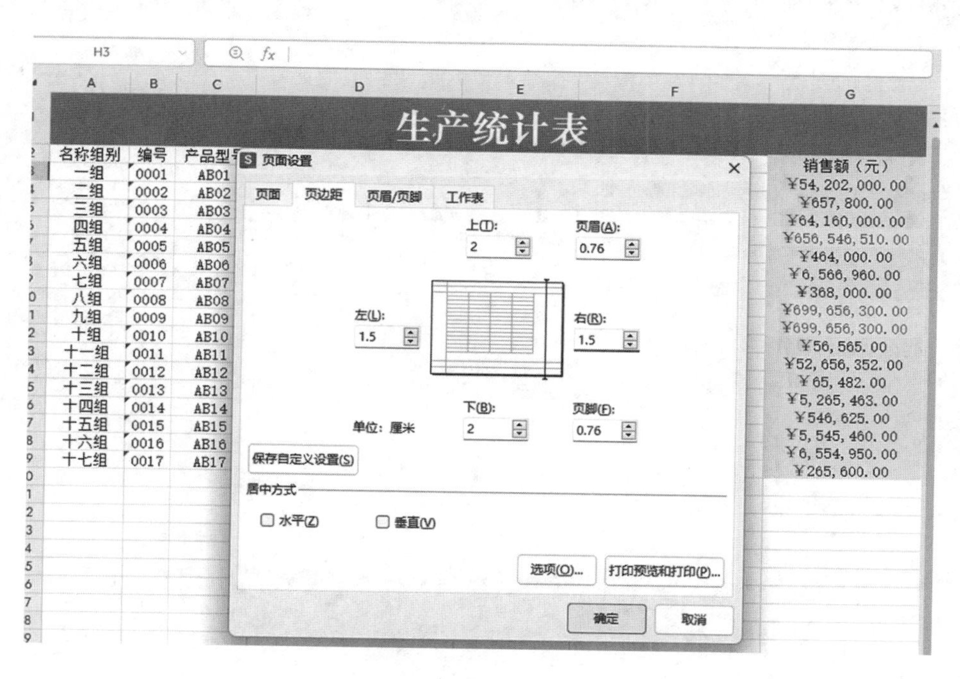

图2-40

步骤4 选择“页面”选项卡，点击工具栏中的【页眉页脚】，在“页面设置”对话框中选择“页眉/页脚”，在页眉的下拉菜单中选择“第1页，共？页”，如图2-41所示。点击【自定义页眉】按钮，先选中内容再点击【A】，如图2-42所示。在弹出的“字体”对话框中设置字体颜色为“红色”，字号设置为“12”，字体设置为“黑体”，如图2-43所示。返回“页面设置”对话框，点击【自定义页脚】按钮，在弹出的“页脚”对话框右下角位置输入文字“WPS教程学习”，如图2-44所示。

图2-41

生产统计表
页眉
如果要设置文本格式，请将插入点移至编辑框内，然后按“字体”按钮。
如果要加入页码、日期、时间、文件名、工作表名，请将插入点移至编辑框内，然后选择相应按钮。
如果要插入图片，请按“插入图片”按钮。如果要设置图片格式，请将光标放到编辑框中，然后按“设置图片格式”按钮。
左(L):
中(C):
第 &[页码] 页，共 &[总页数] 页
右(R):
确定
取消

图2-42

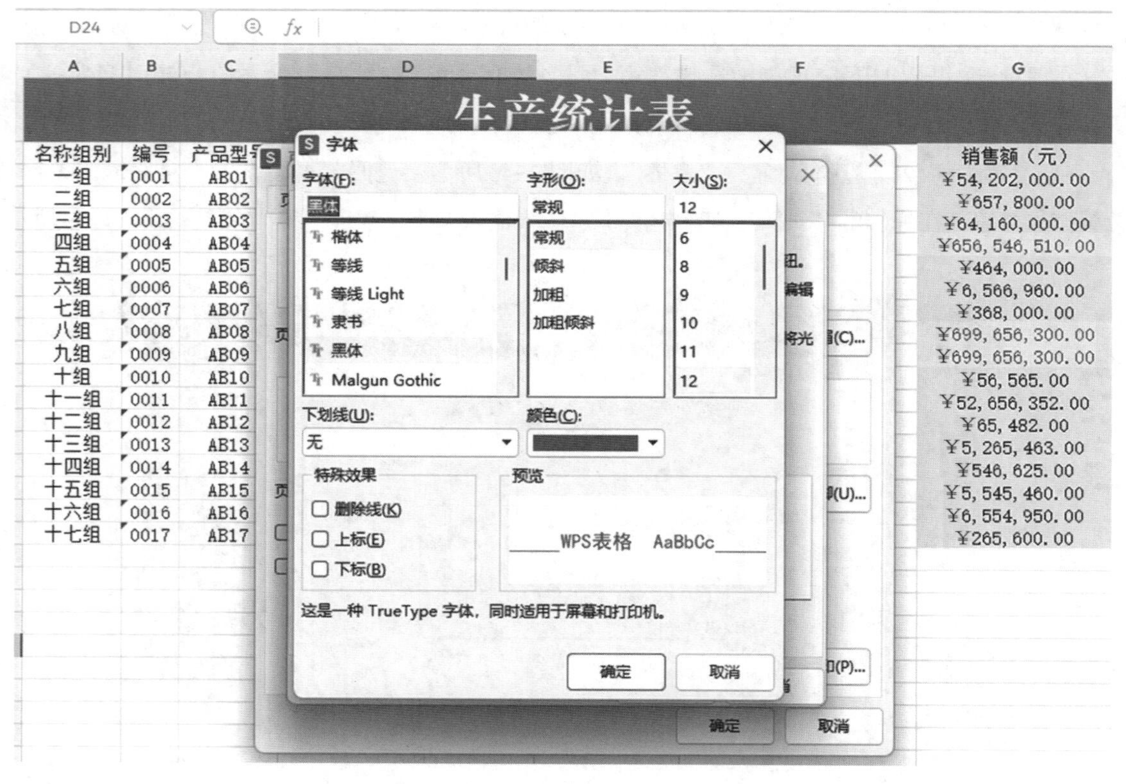

生产统计表
字体
字体(F):
黑体
楷体
等线
等线 Light
隶书
黑体
Malgun Gothic
字形(O):
常规
倾斜
加粗
加粗倾斜
大小(S):
12
下划线(U):
无
颜色(C):
特殊效果
删除线(K)
上标(E)
下标(B)
预览
WPS表格 AaBbCc
这是一种 TrueType 字体，同时适用于屏幕和打印机。
确定
取消

图2-43

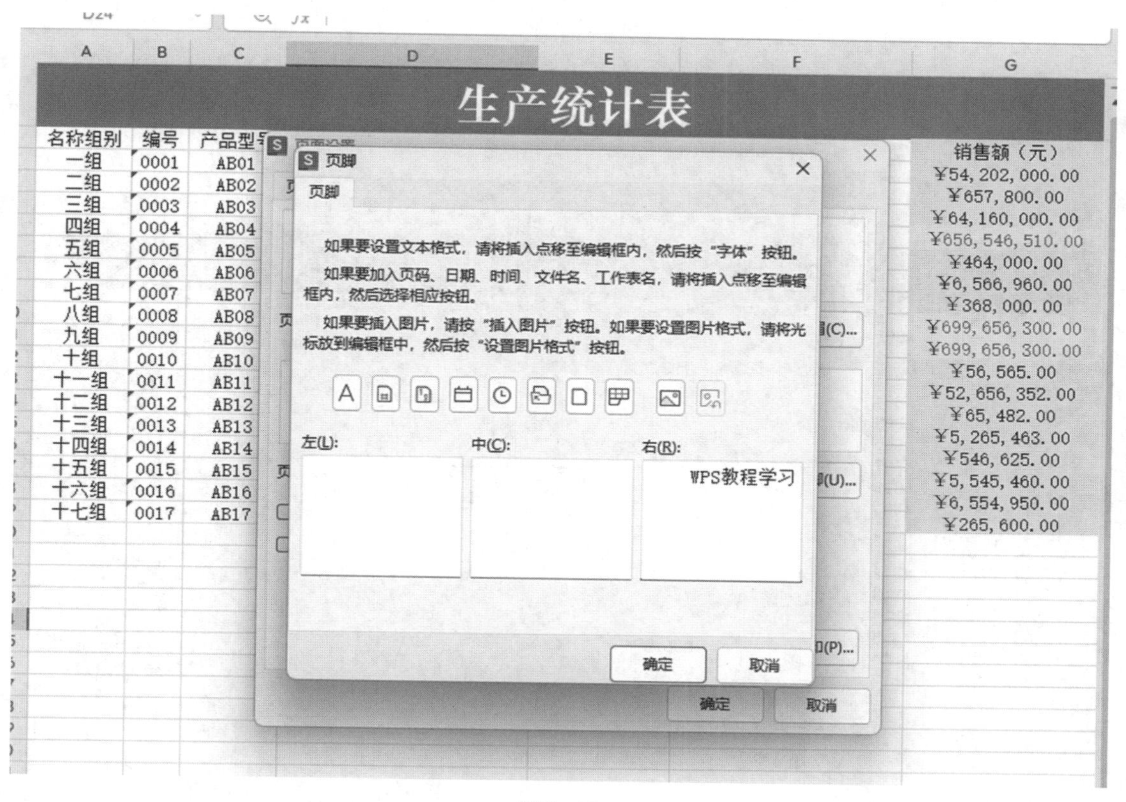

图2-44

步骤5　为了让每一页都能打印出标题，点击工具栏中的【打印标题】，在弹出的“页面设置”对话框中选择“工作表”选项卡，在顶端标题行右边点击【　】，选择$1：$2单元格，如图2-45所示。点击【　】返回，点击【确认】按钮。

生产统计表

名称组别	编号	产品型号	生产日期	生产量（件）	产品合格率（百分比）	销售额（元）
一组	0001	AB01	二〇〇二年一月三日	2156500	95.00%	¥54,202,000.00
二组	0002	AB02	二〇〇二年二月五日	365500	96.00%	¥657,800.00
三组	0003	AB03	二〇〇二年三月五日	645500	85.00%	¥64,160,000.00
四组	0004	AB04	二〇〇二年四月二十一日	2366000	89.00%	¥656,546,510.00
五组	0005	AB05	二〇〇二年六月二十四日	6566000	95.00%	¥464,000.00
六组	0006					¥6,566,960.00
七组	0007					¥368,000.00
八组	0008				89.00%	¥699,656,300.00
九组	0009	AB09	二〇〇二年八月十六日	2666420	91.00%	¥699,656,300.00
十组	0010	AB10	二〇〇二年五月四日	3569800	92.00%	¥56,565.00
十一组	0011	AB11	二〇〇二年八月十七日	3256400	95.35%	¥52,656,352.00
十二组	0012	AB12	二〇〇二年八月十四日	3256990	91.00%	¥65,482.00
十三组	0013	AB13	二〇〇二年七月二十三日	26541100	95.00%	¥5,265,463.00
十四组	0014	AB14	二〇〇二年十一月十二日	5665200	93.00%	¥546,625.00
十五组	0015	AB15	二〇〇二年十一月二十四日	5266552000	94.21%	¥5,545,460.00
十六组	0016	AB16	二〇〇二年七月十二日	566525200	95.32%	¥6,554,950.00
十七组	0017	AB17	二〇〇二年二月二十一日	566555252	91.35%	¥265,600.00

页面设置
$1:$2

图2-45

步骤6 单击【页边距】，选择“自定义页边距”，在弹出的“页面设置”对话框的“居中方式”菜单栏中勾选“水平”和“垂直”复选框，如图2-46所示。点击【确定】按钮。

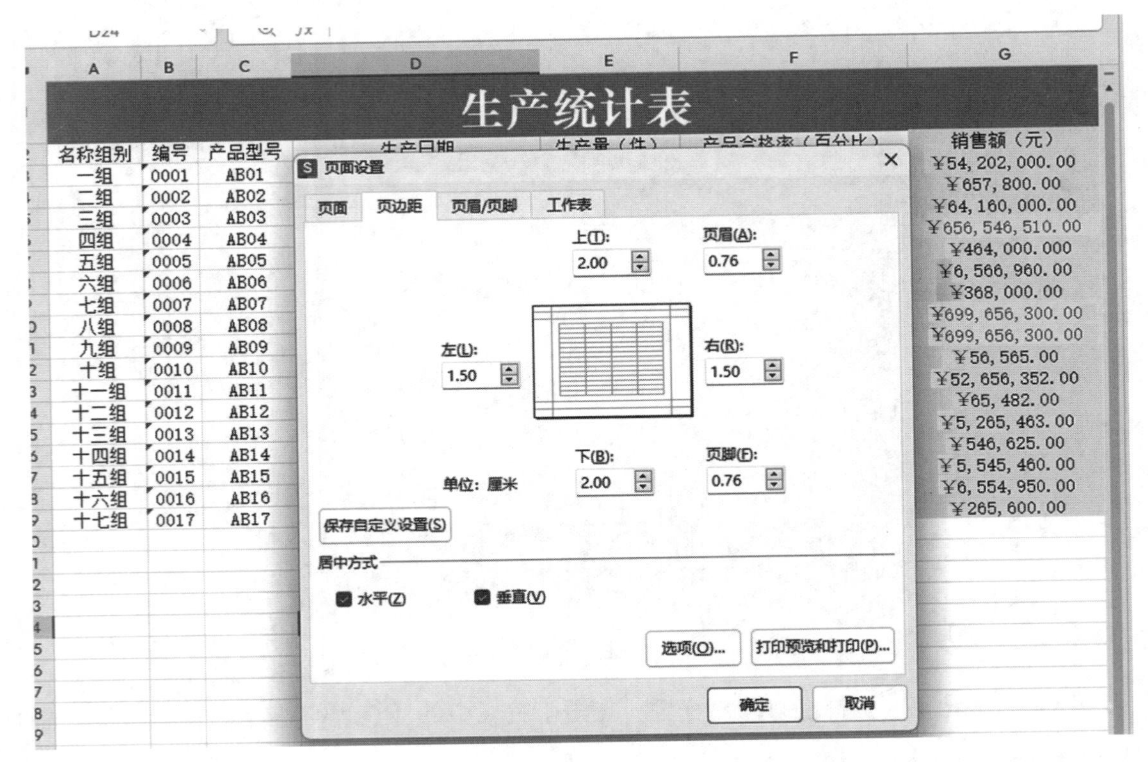

图2-46

步骤7 如果只想打印A7：G14单元格，可选中A7：G14单元格，点击工具栏的【打印区域】，选择“设置打印区域”，点击【打印预览】，如果不需要打印其中一部分，则点击【取消打印区域】。

友情提示

在完成页眉页脚设置之后，一定要进行预览或打印测试以确保所设置的页眉页脚能够正确显示和输出。如果在打印预览中发现问题，可以及时调整。

案例三

制作超市销售表

案例背景

在WPS表格中，分析和处理表格中的数据离不开公式和函数的应用，公式是函数的基础，函数是WPS表格预定义的内置公式。WPS表格强大的计算功能主要依赖于其内置的公式和函数，利用公式和函数可以对表格中的数据进行各种计算和处理，从而提高制作复杂表格时的工作效率和计算准确率。

知识技能

完成本案例任务并达成如下目标。

（1）认识公式和函数。

（2）掌握公式的应用方法。

（3）可以使用WPS表格常用函数计算数据。

（4）用精益求精的严谨态度处理数据。

效果展示

效果展示如图2-47所示。

超市销售表							
货品编号	名称	货品类别	管理人员	第一月销售	第二月销售	第三月销售	总销量
321001	金龙鱼食用油	粮油调味	李一	1500	1800	856	¥4,156
321002	康师傅方便面	厨房用具	李一	1980	1400	500	¥3,880
321003	灯	小五金	张洋	1150	1800	1523	¥4,473
321004	插头插座	小五金	张洋	2800	1700	500	¥5,000
321005	地垫	清洁家居用品	李一	1150	1800	500	¥3,450
321008	农夫山泉	酒水饮料	王超	1150	1400	1300	¥3,850
321009	小米	杂粮干货	马超	1080	1750	1699	¥4,529
321010	大米	杂粮干货	马超	1320	1800	500	¥3,620
321011	台布	清洁家居用品	李一	1700	1800	258	¥3,758
321012	电磁炉	厨房用具	刘言	2700	1700	600	¥5,000
321013	剪刀	小五金	朱文	1150	1400	123	¥2,673
平均销售量				1607.27	1668.18	759.91	4035.36
最高销售量				2800	1800	1699	5000
最低销售量				1080	1400	123	2673

图2-47

任务实施

公式的应用

任务一　公式的应用

步骤1　打开素材文件夹中的“excel 3-1.xlsx”文件，根据前面所学知识点，设置表格样式，如图2-48所示。

超市销售表							
货品编号	名称	货品类别	管理人员	第一月销售量	第二月销售量	第三月销售量	总销量
321001	金龙鱼食用油	粮油调味	李一	1500	1800	856	
321002	康师傅方便面	厨房用具	李一	1980	1400	500	
321003	灯	小五金	张洋	1150	1800	1523	
321004	插头插座	小五金	张洋	2800	1700	500	
321005	地垫	清洁家居用品	李一	1150	1800	500	
321006	农夫山泉	酒水饮料	王超	1150	1400	1300	
321007	小米	杂粮干货	马超	1080	1750	1699	
321008	大米	杂粮干货	马超	1320	1800	500	
321009	台布	清洁家居用品	李一	1700	1800	258	
321010	电磁炉	厨房用具	刘言	2700	1700	600	
321011	剪刀	小五金	朱文	1150	1400	123	
平均销售量							
最高销售量							
最低销售量							

图2-48

步骤2 在工作表Sheet1中选择需要输入公式的单元格（I4单元格），利用公式计算出“总销量”的值，在I4单元格中输入“=F4+G4+H4”，如图2-49所示。

超市销售表

货品编号	名称	货品类别	管理人员	第一月销售量	第二月销售量	第三月销售量	总销量
321001	金龙鱼食用油	粮油调味	李一	1500	1800		=F4+G4+H4
321002	康师傅方便面	厨房用具	李一	1980	1400	500	
321003	灯	小五金	张洋	1150	1800	1523	
321004	插头插座	小五金	张洋	2800	1700	500	
321005	地垫	清洁家居用品	李一	1150	1800	500	
321006	农夫山泉	酒水饮料	王超	1150	1400	1300	
321007	小米	杂粮干货	马超	1080	1750	1699	
321008	大米	杂粮干货	马超	1320	1800	500	
321009	台布	清洁家居用品	李一	1700	1800	258	
321010	电磁炉	厨房用具	刘言	2700	1700	600	
321011	剪刀	小五金	朱文	1150	1400	123	
平均销售量							
最高销售量							
最低销售量							

输入

图2-49

步骤3 按【Enter】键确认，即可在I4单元格中显示公式的计算结果，如图2-50所示。

I4 fx =F4+G4+H4

超市销售表

货品编号	名称	货品类别	管理人员	第一月销售量	第二月销售量	第三月销售量	总销量
321001	金龙鱼食用油	粮油调味	李一	1500	1800	856	4156
321002	康师傅方便面	厨房用具	李一	1980	1400	500	
321003	灯	小五金	张洋	1150	1800	1523	
321004	插头插座	小五金	张洋	2800	1700	500	
321005	地垫	清洁家居用品	李一	1150	1800	500	
321006	农夫山泉	酒水饮料	王超	1150	1400	1300	
321007	小米	杂粮干货	马超	1080	1750	1699	
321008	大米	杂粮干货	马超	1320	1800	500	
321009	台布	清洁家居用品	李一	1700	1800	258	
321010	电磁炉	厨房用具	刘言	2700	1700	600	
321011	剪刀	小五金	朱文	1150	1400	123	
平均销售量							
最高销售量							
最低销售量							

显示

图2-50

友情提示

在输入公式的过程中，可直接用鼠标单击参数所在的单元格，被编辑单元格中即可直接显示参数所在的单元格编号。在输入公式按【Enter】键确认后，被编辑的单元格在显示计算结果的同时还可以激活下一个单元格。

步骤4 采用相同的方法计算出I列其他单元格的“总销量”值，如图2-51所示。

I5 =F5+G5+H5

超市销售表

货品编号	名称	货品类别	管理人员	第一月销售量	第二月销售量	第三月销售量	总销量
321001	金龙鱼食用油	粮油调味	李一	1500	1800	856	4156
321002	康师傅方便面	厨房用具	李一	1980	1400	500	3880
321003	灯	小五金	张洋	1150	1800	1523	4473
321004	插头插座	小五金	张洋	2800	1700	500	5000
321005	地垫	清洁家居用品	李一	1150	1800	500	3450
321006	农夫山泉	酒水饮料	王超	1150	1400	1300	3850
321007	小米	杂粮干货	马超	1080	1750	1699	4529
321008	大米	杂粮干货	马超	1320	1800	500	3620
321009	台布	清洁家居用品	李一	1700	1800	258	3758
321010	电磁炉	厨房用具	刘言	2700	1700	600	5000
321011	剪刀	小五金	朱文	1150	1400	123	2673
平均销售量							
最高销售量							
最低销售量							

图2-51

步骤5 当创建的公式出现计算错误时，计算的结果也会提示出错，如图2-52所示，此时就需要对公式进行改正。

超市销售表

货品编号	名称	货品类别	管理人员	第一月销售量	第二月销售量	第三月销售量	总销量
321001	金龙鱼食用油	粮油调味	李一	1500	1800	856	4156
321002	康师傅方便面	厨房用具	李一	1980	1400	500	3880
321003	灯	小五金	张洋	1150	1800	1523	#VALUE!
321004	插头插座	小五金	张洋	2800	1700	500	5000
321005	地垫	清洁家居用品	李一	1150	1800	500	3450
321006	农夫山泉	酒水饮料	王超	1150	1400	1300	3850
321007	小米	杂粮干货	马超	1080	1750	1699	4529
321008	大米	杂粮干货	马超	1320	1800	500	3620
321009	台布	清洁家居用品	李一	1700	1800	258	3758
321010	电磁炉	厨房用具	刘言	2700	1700	600	5000
321011	剪刀	小五金	朱文	1150	1400	123	2673
平均销售量							
最高销售量							
最低销售量							

图2-52

步骤6 在“文件”下拉菜单中，选择“保存”选项，或按快捷键【Ctrl+S】保存工作簿。

任务二　使用函数计算数据

使用函数计算数据

WPS表格内置的函数包括常用函数、日期与时间函数、数字函数与三角函数、统计函数、查找与引用函数、数据库函数、文本函数、逻辑函数以及信息函数。在数据处理过程中，求和、平均值、最大值、最小值等函数的使用频率最高。

步骤1　打开素材文件夹中的“excel-1.xlsx”文件。对于“总销量”的计算除了采用公式计算，还可以采用求和函数“SUM（）”进行求解。选中I5单元格，在“开始”选项卡中选择“求和”，如图2-53、图2-54所示。

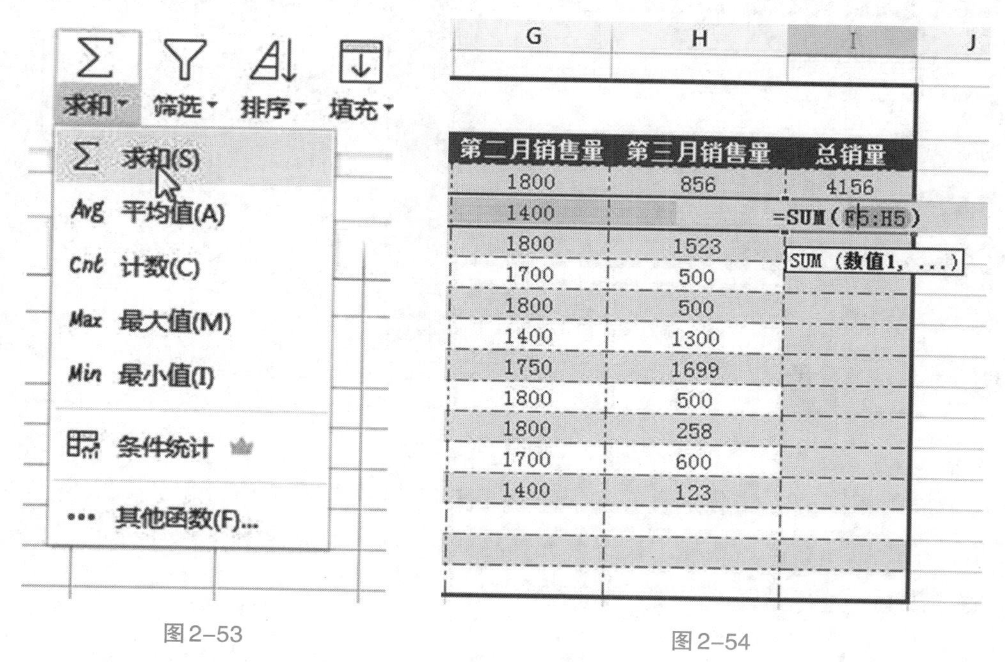

图2-53　　　　图2-54

步骤2　使用AVERAGE函数计算平均值。选中F15单元格，在“开始”选项卡中，依次点击【求和】→【平均值】，如图2-55所示。F15单元格中会显示“=AVERAGE（F4：F14）”，按【Enter】键确认，其中F4：F14为求取平均值的数据区域，如图2-56所示。

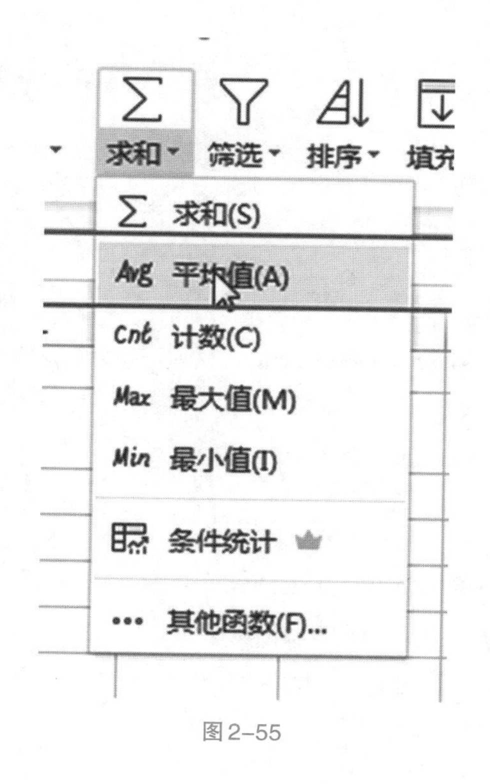

图2-55

超市销售表							
货品编号	名称	货品类别	管理人员	第一月销售量	第二月销售量	第三月销售量	总销量
321001	金龙鱼食用油	粮油调味	李一	1500	1800	856	4156
321002	康师傅方便面	厨房用具	李一	1980	1400	500	3880
321003	灯	小五金	张洋	1150	1800	1523	
321004	插头插座	小五金	张洋	2800	1700	500	
321005	地垫	清洁家居用品	李一	1150	1800	500	
321006	农夫山泉	酒水饮料	王超	1150	1400	1300	
321007	小米	杂粮干货	马超	1080	1750	1699	
321008	大米	杂粮干货	马超	1320	1800	500	
321009	台布	清洁家居用品	李一	1700	1800	258	
321010	电磁炉	厨房用具	刘言	2700	170	600	
321011	剪刀	小五金	朱文	1150	1400	123	
	平均销售量			=AVERAGE(F4:F14)			
	最高销售量						
	最低销售量						

图2-56

步骤3　采用相同的方法分别计算G4：G14和H4：H14单元格内数据的平均值。选中F15：H15单元格，单击鼠标右键，选择“设置单元格格式”，在“单元格格式”对话框中选择“数字”选项卡中的“数值”进行设置，如图2-57所示。

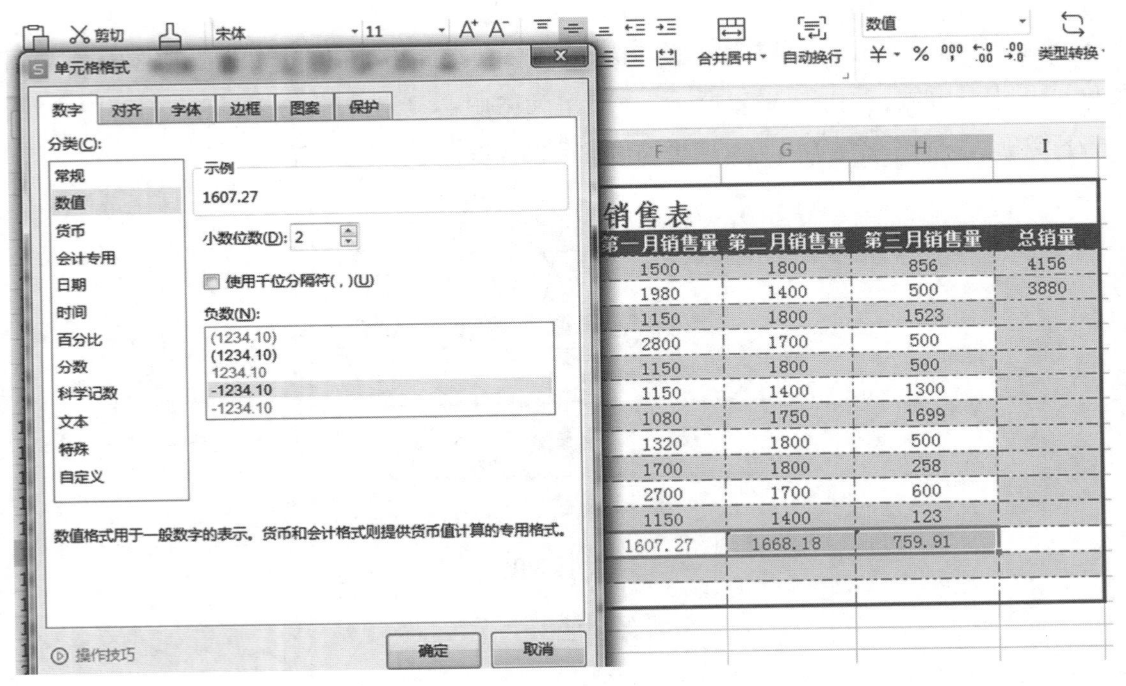

图2-57

步骤4　使用MAX函数计算最大值。选中F16单元格，在“开始”选项卡中，依次点击【求和】→【最大值】，如图2-58所示。F16单元格中会显示“=MAX（F4：F15）”，将公式改为“=MAX（F4：F14）”，按【Enter】键确认，其中F4：F14为求取最大值的数据区域，如图2-59所示。

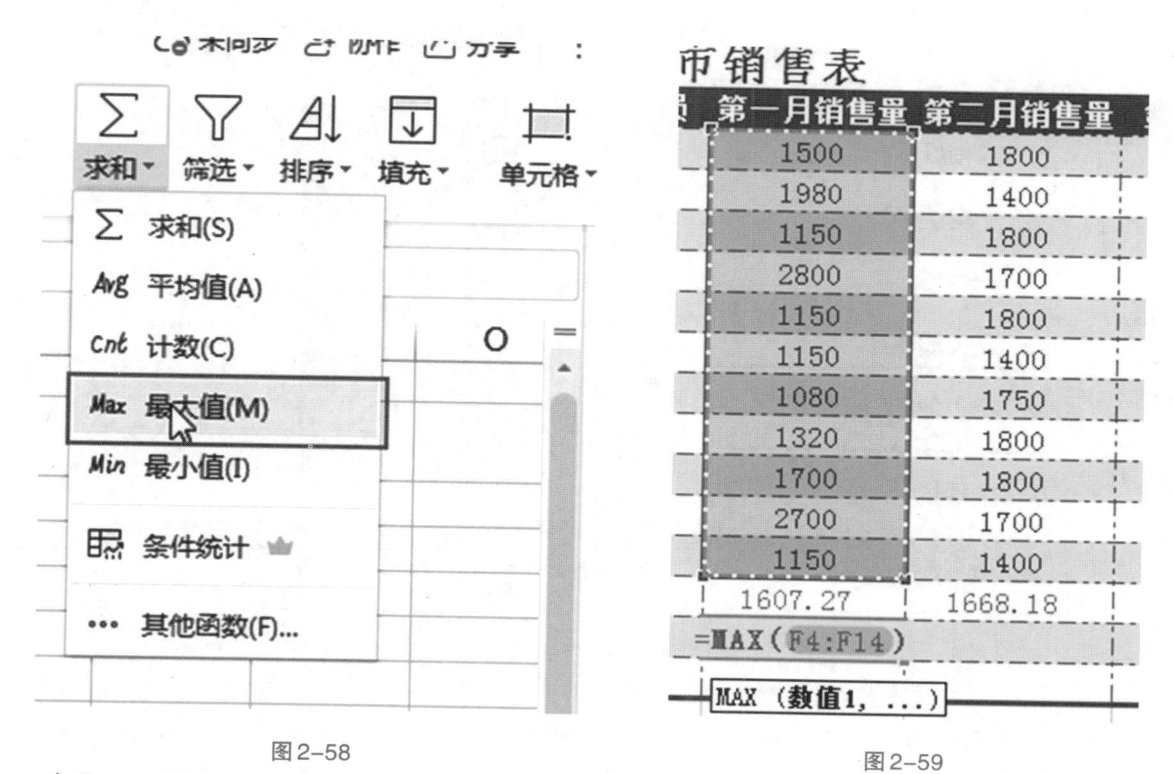

图2-58

图2-59

步骤5　采用相同的方法分别计算G4：G14和H4：H14单元格内数据的最大值，如图2-60所示。

超市销售表

货品编号	名称	货品类别	管理人员	第一月销售量	第二月销售量	第三月销售量	总销量
321001	金龙鱼食用油	粮油调味	李一	1500	1800	856	4156
321002	康师傅方便面	厨房用具	李一	1980	1400	500	3880
321003	灯	小五金	张洋	1150	1800	1523	4473
321004	插头插座	小五金	张洋	2800	1700	500	5000
321005	地垫	清洁家居用品	李一	1150	1800	500	3450
321006	农夫山泉	酒水饮料	王超	1150	1400	1300	3850
321007	小米	杂粮干货	马超	1080	1750	1699	4529
321008	大米	杂粮干货	马超	1320	1800	500	3620
321009	台布	清洁家居用品	李一	1700	1800	258	3758
321010	电磁炉	厨房用具	刘言	2700	1700	600	5000
321011	剪刀	小五金	朱文	1150	1400	123	2673
	平均销售量			1607.27	1668.18	759.91	
	最高销售量			2800	1800	1699	
	最低销售量						

图2-60

步骤6　使用MIN函数计算最小值。选中F17单元格，在“开始”选项卡中，依次点击【求和】→【最小值】，如图2-61所示。F17单元格中会显示“=MIN（F4：F16）”，将公式改为“=MIN（F4：F14）”，按【Enter】键确认，其中F4：F14为求取最小值的数据区域，如图2-62所示。

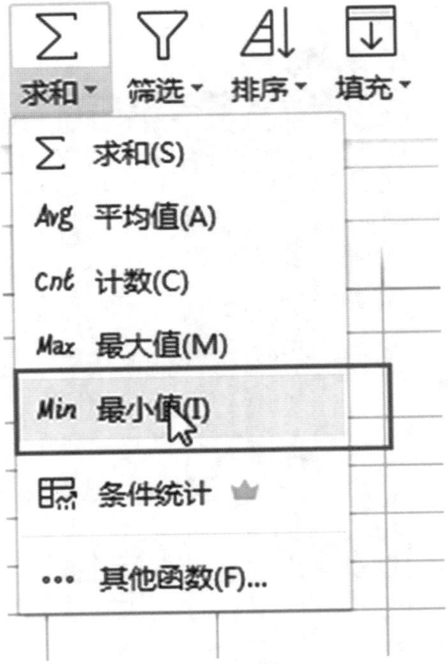

求和▾ 筛选▾ 排序▾ 填充▾

∑ 求和(S)
Avg 平均值(A)
Cnt 计数(C)
Max 最大值(M)
Min 最小值(I)
条件统计
… 其他函数(F)...

图 2–61

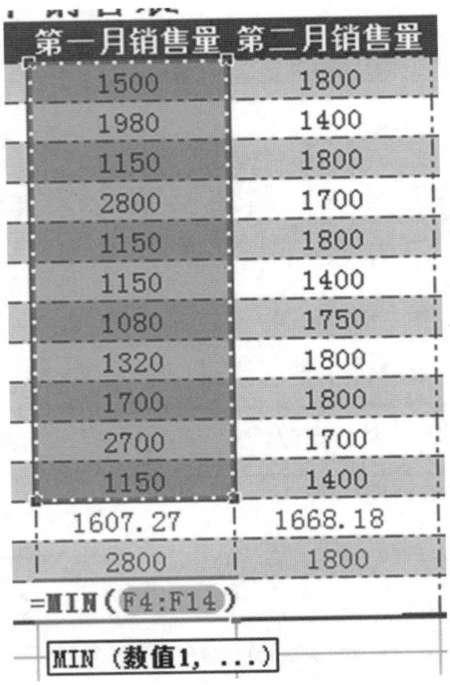

第一月销售量	第二月销售量
1500	1800
1980	1400
1150	1800
2800	1700
1150	1800
1150	1400
1080	1750
1320	1800
1700	1800
2700	1700
1150	1400
1607.27	1668.18
2800	1800

=MIN(F4:F14)

MIN（数值1，...）

图 2–62

步骤 7 采用相同的方法分别计算 G4：G14 和 H4：H14 单元格内数据的最小值，如图 2–63 所示。

超市销售表

货品编号	名称	货品类别	管理人员	第一月销售量	第二月销售量	第三月销售量	总销量
321001	金龙鱼食用油	粮油调味	李一	1500	1800	856	4156
321002	康师傅方便面	厨房用具	李一	1980	1400	500	3880
321003	灯	小五金	张洋	1150	1800	1523	4473
321004	插头插座	小五金	张洋	2800	1700	500	5000
321005	地垫	清洁家居用品	李一	1150	1800	500	3450
321006	农夫山泉	酒水饮料	王超	1150	1400	1300	3850
321007	小米	杂粮干货	马超	1080	1750	1699	4529
321008	大米	杂粮干货	马超	1320	1800	500	3620
321009	台布	清洁家居用品	李一	1700	1800	258	3758
321010	电磁炉	厨房用具	刘言	2700	1700	600	5000
321011	剪刀	小五金	朱文	1150	1400	123	2673
平均销售量				1607.27	1668.18	759.91	
最高销售量				2800	1800	1699	
最低销售量				1080	1400	123	

图 2–63

步骤 8 在“文件”下拉菜单中，选择“保存”选项，或按快捷键【Ctrl+S】保存工作簿。

案例四

制作格力电器第1季度销售统计表

案例背景

在WPS表格中，数据统计分析经常要对多个表格的数据进行合并汇总，此时可以使用合并计算对同一工作簿（包括同一工作表和不同工作表之间的数据合并计算），或者不同工作簿之间的数据进行合并计算。

合并计算是指对相同位置或含有相同分类但位置不同的多个数据进行的快速计算，其计算方式包括求和、计数、平均值、最大值、最小值、乘积等。合并计算分为按位置合并计算和按分类合并计算两种方式。作为合并的基础操作，合并计算的应用大大方便了数据的表达。

知识技能

完成本案例任务并达成如下目标。

（1）掌握表格的设置以及表格样式的应用方法。

（2）掌握数据筛选的方法。

（3）掌握合并计算的操作方法。

制作格力电器第1季度销售统计表

效果展示

效果展示如图2-64所示。

格力电器第1季度销售统计表（台）

名称	1月	2月	3月
冰箱	62,414	75,417	111,470
中央空调	77,410	84,712	152,541
家用空调	75,412	95,412	105,875
电风扇	18,412	32,541	127,412
空气能热水器	58,749	65,784	25,748
手机	152,471	287,496	136,547
洗衣机	72,478	84,214	74,758
总计	517,346	725,576	734,351

格力电器第1季度销售统计表（台）

名称	1月	2月	3月
中央空调	77,410	84,712	152,541
家用空调	75,412	95,412	105,875
洗衣机	72,478	84,214	74,758

23	格力电器第1季度（成都和重庆）销售统计表			
24	名称	1月	2月	3月
25	冰箱	5614	5836	14612
26	中央空调	15110	11212	26952
27	家用空调	8824	9884	103750
28	电风扇	5252	8795	10714
29	空气能热	3680	3362	4122
30	手机	2995	5450	20201
31	洗衣机	6956	5428	6515

图2-64

任务实施

任务一　表格样式及数据筛选

步骤1　打开素材文件夹中的“excel 4-1.xlsx”文件。将工作表Sheet 1重命名为“第1季度销售情况”。将标题行的行高设置为30，第4行至第12行的行高设置为20，表格列宽设置为15。将C3：F3单元格合并居中，字体样式设置为“华文彩云，18号”，如图2-65所示。

步骤2　在C12单元格中输入“总计”，利用公式或函数计算出各月份“总计”值，如图2-66所示。

步骤3　选中C4：F12单元格，使用表格样式“表样式中等深浅19”，并为数据值设置千位分隔符，如图2-67所示。

步骤4　选中C3：F12单元格，在“开始”选项卡下点击【筛选】（快捷键为【Ctrl+Shift+L】），点击“1月”右侧的下拉按钮，再依次点击【数字筛选】→【自定义筛选】，如图2-68所示。筛选出1月份介于70000至100000的数据，如图2-69所示。筛选结果如图2-70所示。

格力电器第1季度销售统计表（台）			
名称	1月	2月	3月
冰箱	62414	75417	111470
中央空调	77410	84712	152541
家用空调	75412	95412	105875
电风扇	18412	32541	127412
空气能热水器	58749	65784	25748
手机	152471	287496	136547
洗衣机	72478	84214	74758

第1季度销售情况　Sheet2　Sheet3　+

图 2–65

格力电器第1季度销售统计表（台）			
名称	1月	2月	3月
冰箱	62414	75417	111470
中央空调	77410	84712	152541
家用空调	75412	95412	105875
电风扇	18412	32541	127412
空气能热水器	58749	65784	25748
手机	152471	287496	136547
洗衣机	72478	84214	74758
总计	517346	725576	734351

图 2–66

格力电器第1季度销售统计表（台）			
名称	1月	2月	3月
冰箱	62，414	75，417	111，470
中央空调	77，410	84，712	152，541
家用空调	75，412	95，412	105，875
电风扇	18，412	32，541	127，412
空气能热水器	58，749	65，784	25，748
手机	152，471	287，496	136，547
洗衣机	72，478	84，214	74，758
总计	**517，346**	**725，576**	**734，351**

图 2–67

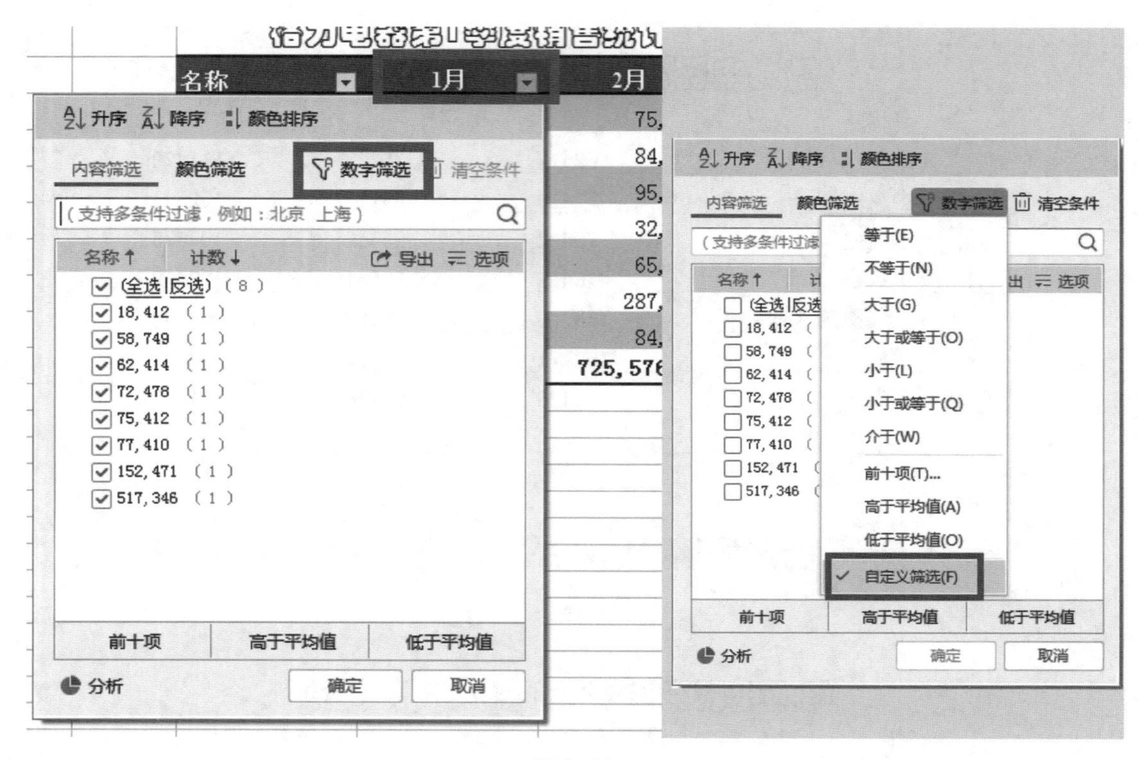

图 2–68

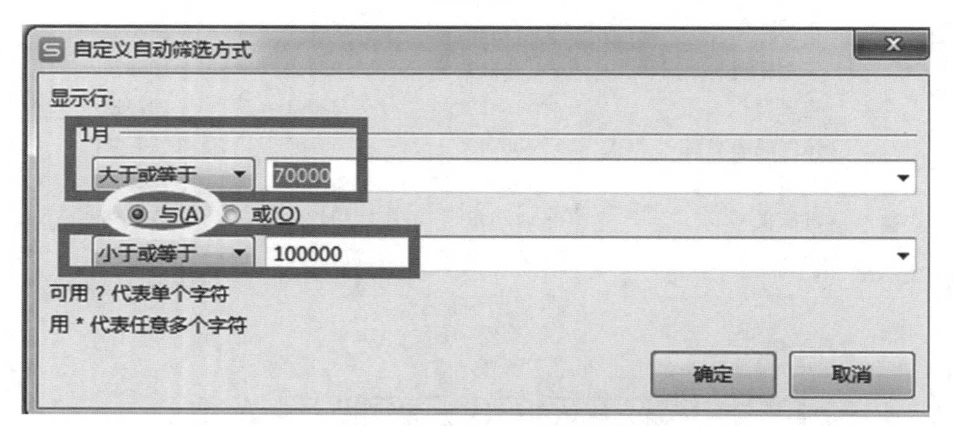

图 2–69

格力电器第1季度销售统计表（台）

名称	1月	2月	3月
中央空调	77, 410	84, 712	152, 541
家用空调	75, 412	95, 412	105, 875
洗衣机	72, 478	84, 214	74, 758

图 2–70

任务二　合 并 计 算

步骤1　使用工作表Sheet3中“格力电器第1季度（成都）销售统计表”和“格力电器第1季度（重庆）销售统计表”进行表格合并前的准备工作，如图2-71所示。

	A	B	C	D
1	格力电器第1季度（成都)销售统计表			
2	名称	1月	2月	3月
3	冰箱	2414	2417	6470
4	中央空调	7410	4712	12541
5	家用空调	5412	4412	95875
6	电风扇	3412	5541	6412
7	空气能热	2871	1578	2548
8	手机	1471	2876	16547
9	洗衣机	4478	3214	2758
10				
11				
12	格力电器第1季度（重庆)销售统计表			
13	名称	1月	2月	3月
14	冰箱	3200	3419	8142
15	中央空调	7700	6500	14411
16	家用空调	3412	5472	7875
17	电风扇	1840	3254	4302
18	空气能热	809	1784	1574
19	手机	1524	2574	3654
20	洗衣机	2478	2214	3757

图2-71

步骤2　选中A25单元格，在“数据”选项卡功能区中选择“合并计算”，在弹出的“合并计算”对话框的“函数”下拉菜单中选择“求和”，设置“所有引用位置”，勾选“最左列”复选框，如图2-72所示。通过以上操作可以完成“格力电器第1季度（成都和重庆）销售统计表”的求和合并计算操作，如图2-73所示。

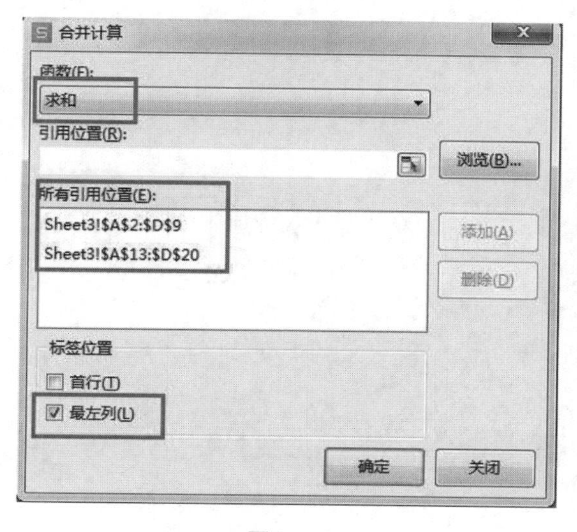

图2-72

格力电器第1季度（成都和重庆)销售统计表			
名称	1月	2月	3月
冰箱	5614	5836	14612
中央空调	15110	11212	26952
家用空调	8824	9884	103750
电风扇	5252	8795	10714
空气能热	3680	3362	4122
手机	2995	5450	20201
洗衣机	6956	5428	6515

图2-73

步骤3 在“文件”下拉菜单中选择“保存”选项，或按快捷键【Ctrl+S】保存工作簿。

友情提示

合并计算包括汇总多个区域、查找、求和、模糊统计、多表无条件汇总和指定条件汇总、多列字段汇总等多种方式的计算。合并计算除可以进行合并和汇总数据外，还可以利用其分类合并汇总的特性进行筛选不重复数据和核对数据的工作。

案例五

制作高职院校分类招生计划表

案例背景

通过前几节的学习，学生已经基本掌握了WPS表格的建立、数据的输入与编辑技巧，学会了对表格格式进行简单的处理等基本操作。WPS表格有着强大的数据处理功能，一般我们会用WPS表格进行各项数据的整理与统计，而分类汇总是处理数据常见的方法。

知识技能

完成本案例任务并达成如下目标。

（1）能够正确设置“分类字段”“汇总方式”和“汇总项”。

（2）掌握图表的应用方法。

（3）可以使用WPS表格对数据进行“分类汇总”操作，学会利用所学知识解决实际问题。

制作高职院校
分类招生计划表

效果展示

效果展示如图2-74所示。

重庆【计算机类】部分高职院校分类招生计划				
学校名称	专业	学制	学费（元/年）	招生名额（人）
重庆人文科技学院	计算机科学与技术	4	16000	24
	物联网工程			10
	软件工程			10
	计算机科学与技术（校企合作）		18000	5
	软件工程（校企合作）			7
重庆海联职业技术学院	民航安全技术管理	3	9800	90
重庆电力高等专科学校	计算机网络技术		6500	20
	移动应用开发			10
长江师范学院	计算机科学与技术	4	8500	100

	A	B	C	D	E	F	G
1							
2		重庆【计算机类】部分高职院校分类招生计划					
3		学校名称	专业	学制	学费（元/	招生名额（人）	
9		重庆人文科技学院 汇总				56	
11		重庆海联职业技术学院 汇总				90	
14		重庆电力高等专科学校 汇总				30	
16		长江师范学院 汇总				100	
17		总计				276	

图2-74

任务实施

任务一　美化表格

步骤1　打开素材文件夹中的“excel 5-1.xlsx”文件。将工作表Sheet1重命名为“2019年招生计划”。将标题行的行高设置为30，第3行至第12行的行高设置为20。将B2：F2单元格合并居中，字体样式设置为“华文隶书，18号”，设置单元格的填充图案颜色为“橙色”，图案样式设置为“细 水平 条纹”，如图2-75所示。

步骤2　将B3：F3单元格的字体样式设置为“隶书，14号”，B4：F12单元格的字体样式设置为“方正姚体，11号”，所有文字水平垂直居中，如图2-76所示。根据图2-74为表格设置相应边框，并按“学校名称”降序排列，如图2-77所示。

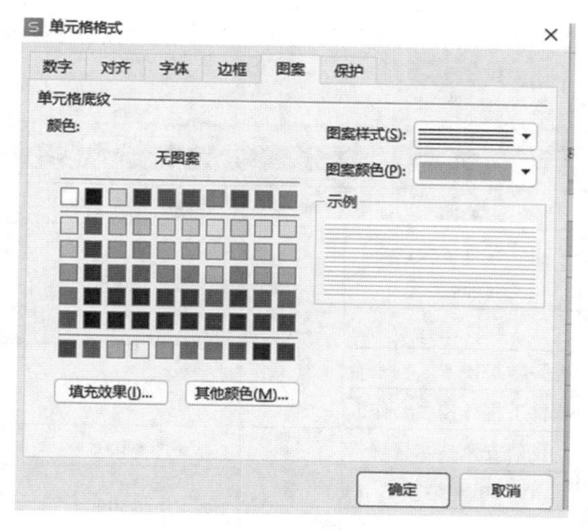

图 2–75

重庆【计算机类】部分高职院校分类招生计划

学校名称	专业	学制	费（元/年	名额（人）
重庆电力高等专科学校	计算机网络技术	3	6500	20
重庆人文科技学院	计算机科学与技术	4	16000	24
重庆海联职业技术学院	民航安全技术管理	3	9800	90
重庆人文科技学院	物联网工程	4	16000	10
长江师范学院	计算机科学与技术	4	8500	100
重庆电力高等专科学校	移动应用开发	3	6500	10
重庆人文科技学院	软件工程	4	16000	10
重庆人文科技学院	机科学与技术（校企合	4	18000	5
重庆人文科技学院	软件工程（校企合作）	4	18000	7

图 2–76

重庆【计算机类】部分高职院校分类招生计划

学校名称	专业	学制	费（元/年	名额（人）
重庆人文科技学院	计算机科学与技术	4	16000	24
重庆人文科技学院	物联网工程	4	16000	10
重庆人文科技学院	软件工程	4	16000	10
重庆人文科技学院	机科学与技术（校企合	4	18000	5
重庆人文科技学院	软件工程（校企合作）	4	18000	7
重庆海联职业技术学院	民航安全技术管理	3	9800	90
重庆电力高等专科学校	计算机网络技术	3	6500	20
重庆电力高等专科学校	移动应用开发	3	6500	10
长江师范学院	计算机科学与技术	4	8500	100

图 2–77

步骤3 将部分单元格合并居中，自动调整列宽，如图2–78所示。

重庆【计算机类】部分高职院校分类招生计划				
学校名称	专业	学制	学费（元/年）	招生名额（人）
重庆人文科技学院	计算机科学与技术	4	16000	24
	物联网工程			10
	软件工程			10
	机科学与技术（校企合		18000	5
	软件工程（校企合作）			7
重庆海联职业技术学院	民航安全技术管理	3	9800	90
重庆电力高等专科学校	计算机网络技术		6500	20
	移动应用开发			10
长江师范学院	计算机科学与技术	4	8500	100

图2–78

任务二　分 类 汇 总

步骤1 在工作表Sheet2中选中B3：F12单元格，以“学校名称”为关键字进行排序。在“数据”选项卡中选择“分类汇总”，在弹出的“分类汇总”对话框中以“学校名称”为分类字段，对“招生名额（人）”进行“求和”的分类汇总，如图2–79所示。分类汇总后的效果如图2–80所示。

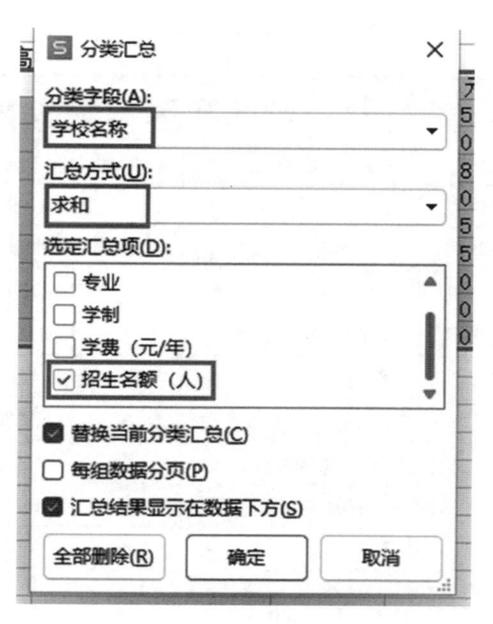

图2–79

重庆【计算机类】部分高职院校分类招生计划				
学校名称	专业	学制	学费（元/	招生名额（人）
重庆电力高等专科学校	计算机网络技术	3	6500	20
重庆电力高等专科学校 汇总				20
重庆人文科技学院	计算机科学与技术	4	16000	24
重庆人文科技学院 汇总				24
重庆海联职业技术学院	民航安全技术管理	3	9800	90
重庆海联职业技术学院 汇总				90
重庆人文科技学院	物联网工程	4	16000	10
重庆人文科技学院 汇总				10
长江师范学院	计算机科学与技术	4	8500	100
长江师范学院 汇总				100
重庆电力高等专科学校	移动应用开发	3	6500	10
重庆电力高等专科学校 汇总				10
重庆人文科技学院	软件工程	4	16000	10
重庆人文科技学院	计算机科学与技术（校	4	18000	5
重庆人文科技学院	软件工程（校企合作）	4	18000	7
重庆人文科技学院 汇总				22
总计				276

图 2–80

步骤2 可通过左侧的“+”或“–”显示或隐藏明细数据，如图 2–81 所示，也可以通过“数据”选项卡中的“显示明细数据”或“隐藏明细数据”来显示或隐藏明细数据，如图 2–82 所示。

行	A	B	C	D	E	F
1						
2		重庆【计算机类】部分高职院校分类招生计划				
3		学校名称	专业	学制	学费（元/	招生名额（人）
4		重庆电力高等专科学校	计算机网络技术	3	6500	20
5		**重庆电力高等专科学校 汇总**				20
6		重庆人文科技学院	计算机科学与技术	4	16000	24
7		**重庆人文科技学院 汇总**				24
9		**重庆海联职业技术学院 汇总**				90
11		**重庆人文科技学院 汇总**				10
13		**长江师范学院 汇总**				100
15		**重庆电力高等专科学校 汇总**				10
19		**重庆人文科技学院 汇总**				22
20		**总计**				276
21						

图 2–81

图 2–82

步骤3 隐藏明细数据后的效果如图 2–83 所示。

行	A	B	C	D	E	F
1						
2		重庆【计算机类】部分高职院校分类招生计划				
3		学校名称	专业	学制	学费（元/	招生名额（人）
9		**重庆人文科技学院 汇总**				56
11		**重庆海联职业技术学院 汇总**				90
14		**重庆电力高等专科学校 汇总**				30
16		**长江师范学院 汇总**				100
17		**总计**				276

图 2–83

步骤4 在“文件”下拉菜单中，选择“保存”选项，或使用快捷键【Ctrl+S】保存工作簿。

友情提示

分类汇总是基于分类字段进行的操作，因此在进行分类汇总操作前，必须保证数据列表中的每一个字段都有字段名，即每一列都有列标题。此外，还必须先按分类字段进行“排序”操作，以确保分类依据的类别处于连续的位置，不出现间隔。

任务三　图表的应用

步骤1　使用工作表Sheet2中的数据，按【Ctrl】键同时选取B3：B16和F3：F16单元格，在“插入”选项卡中选择全部图表，如图2-84所示。在弹出的“插入图表”对话框中选择“饼图”下的“圆环图”，如图2-85所示。

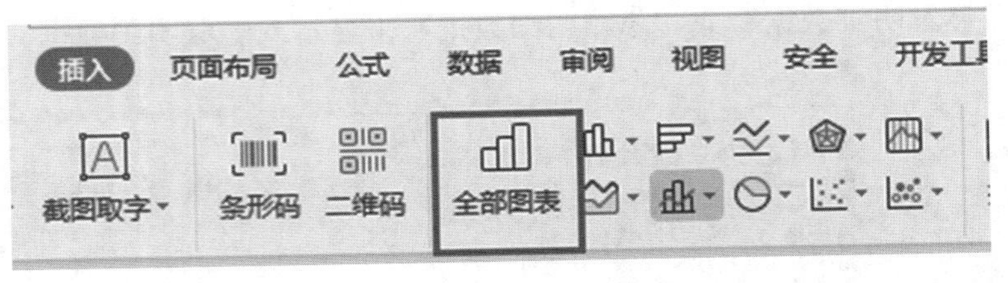

图2-84

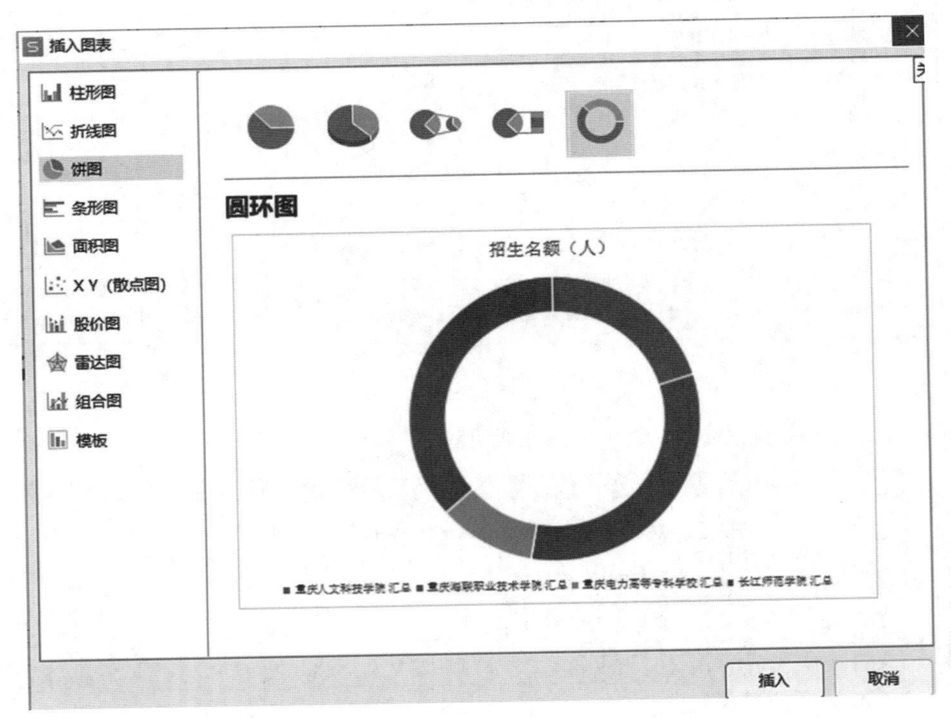

图2-85

步骤2 在“图表工具”选项卡中根据需要选择图表样式，如图2-86所示。

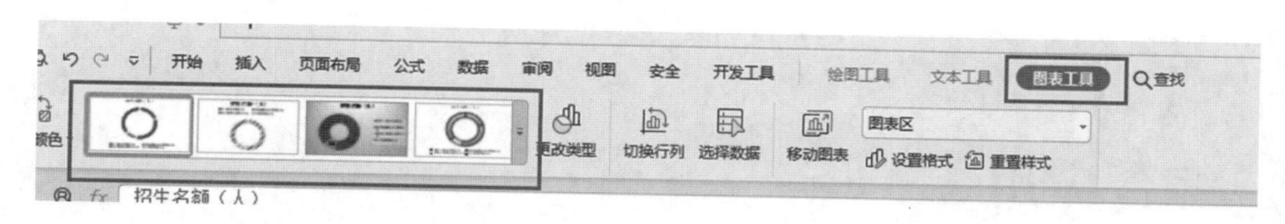

图2-86

步骤3 可通过“添加元素”“快速布局”“设置格式”等操作设置图表标题、数据标签、图例、趋势线等，如图2-87所示。

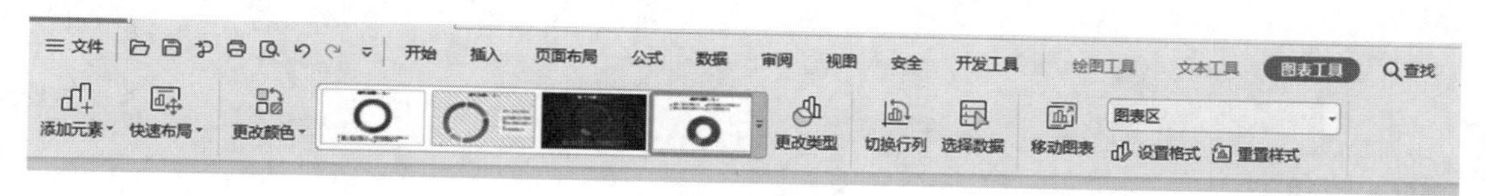

图2-87

步骤4 选择“图表样式7”，双击图表标题，重命名为“高职院校分类考试招生名额（人）”，如图2-88所示。在“文件”下拉菜单中，选择“保存”选项，或使用快捷键【Ctrl+S】保存工作簿。

高职院校分类考试招生名额（人）

■ 重庆人文科技学院 汇总 ■ 重庆海联职业技术学院 汇总
■ 重庆电力高等专科学校 汇总 ■ 长江师范学院 汇总

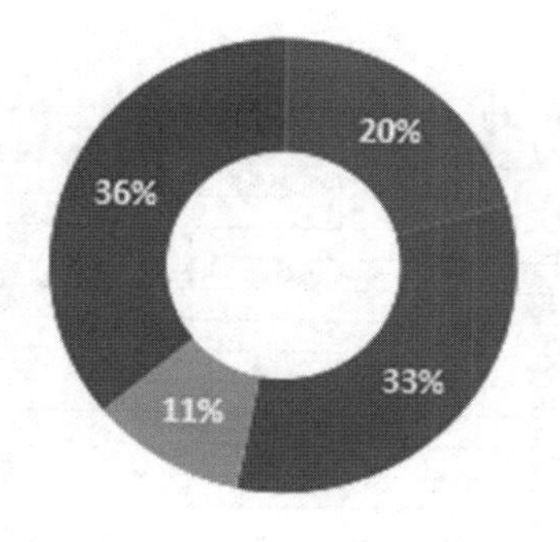

图2-88

综合应用

新丝路公司日常费用统计表

知识技能

完成本节任务并达成如下目标。

(1) 复习并掌握之前学习的知识点。

(2) 熟练运用合并计算和分类汇总的操作。

(3) 掌握图表元素添加与图表格式设置操作。

综合应用

效果展示

效果展示如图2-89所示。

新丝路公司日常费用统计表

公司名称：新丝路第一分公司　　制表人：李丽　　时间：2019.08.15

时间	姓名	所属部门	费用类别	金额（元）	备注
2019年7月18日	王行	办公部	差旅费	1500	到上海出差
2019年7月10日	刘艳	办公部	办公费	200	办公用纸
2019年7月23日	蔡丽丽	办公部	办公费	50	购买纸巾
2019年7月28日	廖灿丽	办公部	办公费	20	购买垃圾袋
2019年7月12日	王佳	财务部	办公费	125	收据
2019年7月2日	刘蕾	办公部	办公费	1800	购买打印机
2019年7月20日	周荣	人事部	手续费	500	注册
2019年7月8日	李丽	人事部	招聘费	300	招聘费
2019年7月18日	周晓艳	办公部	办公费	75	收据
2019年7月15日	王江海	销售部	差旅费	800	出差住宿
2019年7月5日	汪海	销售部	招待费	750	交际应酬
2019年7月21日	宋宏扬	采购部	差旅费	2000	到广元出差
2019年7月25日	周玉	销售部	交通费	80	打车费
合计（元）			小写：	¥8,200	
			大写：	捌仟贰佰	

财务签字：　　申报人签字：

新丝路公司日常费用统计表

公司名称：新丝路第一分公司　　制表人：李丽　　时间：2019.08.15

时间	姓名	所属部门	费用类别	金额（元）	备注
			办公费 汇总	2270	
			差旅费 汇总	4300	
			交通费 汇总	80	
			手续费 汇总	500	
			招待费 汇总	750	
			招聘费 汇总	300	
			总计	8200	

财务签字：　　申报人签字：

图2-89

任务实施

步骤1　打开素材文件夹中的“练习.xlsx”文件。将工作表Sheet1重命名为“新丝路第一分公司”，并将工作表标签颜色设置为“绿色”，如图2-90所示。

图2-90

步骤2　删除E列（空列），在第18行至第21行按录入相应内容，如图2-91所示。

新丝路公司日常费用统计表					
公司名称：新丝路第一分公司			制表人：李丽		时间：2019.08.15
时间	姓名	所属部门	费用类别	金额（元）	备注
2019年7月18日	王行	办公部	差旅费	1500	到上海出差
2019年7月10日	刘艳	办公部	办公费	200	办公用纸
2019年7月23日	蔡丽丽	办公部	办公费	50	购买纸巾
2019年7月28日	廖灿丽	办公部	办公费	20	购买垃圾袋
2019年7月12日	王佳	财务部	办公费	125	收据
2019年7月2日	刘蕾	办公部	办公费	1800	购买打印机
2019年7月20日	周荣	人事部	手续费	500	注册
2019年7月8日	李丽	人事部	招聘费	300	招聘费
2019年7月18日	周晓艳	办公部	办公费	75	收据
2019年7月15日	王江海	销售部	差旅费	800	出差住宿
2019年7月5日	汪海	销售部	招待费	750	交际应酬
2019年7月21日	宋宏扬	采购部	差旅费	2000	到广元出差
2019年7月25日	周玉	销售部	交通费	80	打车费
合计（元）			小写：		
			大写：		
财务签字：			申报人签字：		

图2-91

步骤3　将标题行的行高设置为35，第3行至第21行的行高设置为20，表格列宽设置为18。将B2：G2单元格合并居中，字体样式设置为“黑体”“20号”“加粗”；将B3：G3单元格的字体样式设置为“仿宋”“12号”；将B4：G4单元格的字体样式设置为“方正姚体”“14号”；将B5：G19单元格的字体样式设置为“楷体”“12号”，并将部分文字加粗。将B18：D19单元格合并居中。效果如图2-92所示。

新丝路公司日常费用统计表					
公司名称：新丝路第一分公司			制表人：李丽		时间：2019.08.15
时间	姓名	所属部门	费用类别	金额（元）	备注
2019年7月18日	王行	办公部	差旅费	1500	到上海出差
2019年7月10日	刘艳	办公部	办公费	200	办公用纸
2019年7月23日	蔡丽丽	办公部	办公费	50	购买纸巾
2019年7月28日	廖灿丽	办公部	办公费	20	购买垃圾袋
2019年7月12日	王佳	财务部	办公费	125	收据
2019年7月2日	刘蕾	办公部	办公费	1800	购买打印机
2019年7月20日	周荣	人事部	手续费	500	注册
2019年7月8日	李丽	人事部	招聘费	300	招聘费
2019年7月18日	周晓艳	办公部	办公费	75	收据
2019年7月15日	王江海	销售部	差旅费	800	出差住宿
2019年7月5日	汪海	销售部	招待费	750	交际应酬
2019年7月21日	宋宏扬	采购部	差旅费	2000	到广元出差
2019年7月25日	周玉	销售部	交通费	80	打车费
合计（元）			小写：		
			大写：		
财务签字：			申报人签字：		

图2-92

步骤4 将B2：G2单元格的填充效果设置为“双色”“白色到浅绿”“中心辐射”。将B3：G3单元格填充图案颜色设置为“橄榄色，强调文字颜色3，淡色60%”，图案样式设置为“细 水平条纹”。将B18：G19单元格的填充背景色设置为“浅绿色”；将B21：G21单元格应用样式“好”。效果如图2-93所示。

新丝路公司日常费用统计表					
公司名称：新丝路第一分公司			制表人：李丽		时间：2019.08.15
时间	姓名	所属部门	费用类别	金额（元）	备注
2019年7月18日	王行	办公部	差旅费	1500	到上海出差
2019年7月10日	刘艳	办公部	办公费	200	办公用纸
2019年7月23日	蔡丽丽	办公部	办公费	50	购买纸巾
2019年7月28日	廖灿丽	办公部	办公费	20	购买垃圾袋
2019年7月12日	王佳	财务部	办公费	125	收据
2019年7月2日	刘蕾	办公部	办公费	1800	购买打印机
2019年7月20日	周荣	人事部	手续费	500	注册
2019年7月8日	李丽	人事部	招聘费	300	招聘费
2019年7月18日	周晓艳	办公部	办公费	75	收据
2019年7月15日	王江海	销售部	差旅费	800	出差住宿
2019年7月5日	汪海	销售部	招待费	750	交际应酬
2019年7月21日	宋宏扬	采购部	差旅费	2000	到广元出差
2019年7月25日	周玉	销售部	交通费	80	打车费
合计（元）			小写： 大写：		
财务签字：			申报人签字：		

图2-93

步骤5 将“金额（元）”列中超过1000的数据设置为“突出显示”。利用公式或函数计算出“合计（元）”的数值。效果如图2-94所示。

新丝路公司日常费用统计表					
公司名称：新丝路第一分公司			制表人：李丽		时间：2019.08.15
时间	姓名	所属部门	费用类别	金额（元）	备注
2019年7月18日	王行	办公部	差旅费	***1500***	到上海出差
2019年7月10日	刘艳	办公部	办公费	200	办公用纸
2019年7月23日	蔡丽丽	办公部	办公费	50	购买纸巾
2019年7月28日	廖灿丽	办公部	办公费	20	购买垃圾袋
2019年7月12日	王佳	财务部	办公费	125	收据
2019年7月2日	刘蕾	办公部	办公费	***1800***	购买打印机
2019年7月20日	周荣	人事部	手续费	500	注册
2019年7月8日	李丽	人事部	招聘费	300	招聘费
2019年7月18日	周晓艳	办公部	办公费	75	收据
2019年7月15日	王江海	销售部	差旅费	800	出差住宿
2019年7月5日	汪海	销售部	招待费	750	交际应酬
2019年7月21日	宋宏扬	采购部	差旅费	***2000***	到广元出差
2019年7月25日	周玉	销售部	交通费	80	打车费
合计（元）			小写： 大写：	¥8,200 捌仟贰佰	
财务签字：			申报人签字：		

图2-94

步骤6　设置表格边框样式，如图2-95所示。

新丝路公司日常费用统计表

公司名称：新丝路第一分公司　　制表人：李丽　　时间：2019.08.15

时间	姓名	所属部门	费用类别	金额（元）	备注
2019年7月18日	王行	办公部	差旅费	1500	到上海出差
2019年7月10日	刘艳	办公部	办公费	200	办公用纸
2019年7月23日	蔡丽丽	办公部	办公费	50	购买纸巾
2019年7月28日	廖灿丽	办公部	办公费	20	购买垃圾袋
2019年7月12日	王佳	财务部	办公费	125	收据
2019年7月2日	刘蕾	办公部	办公费	1800	购买打印机
2019年7月20日	周荣	人事部	手续费	500	注册
2019年7月8日	李丽	人事部	招聘费	300	招聘费
2019年7月18日	周晓艳	办公部	办公费	75	收据
2019年7月15日	王江海	销售部	差旅费	800	出差住宿
2019年7月5日	汪海	销售部	招待费	750	交际应酬
2019年7月21日	宋宏扬	采购部	差旅费	2000	到广元出差
2019年7月25日	周玉	销售部	交通费	80	打车费
合计（元）			小写：	¥8,200	
			大写：	捌仟贰佰	

财务签字：　　申报人签字：

图2-95

步骤7　为“新丝路第一分公司”工作表建立副本，并重命名为“分类汇总”。在“分类汇总”工作表中删除第18行和19行，以“费用类别”为分类字段对“金额（元）”进行“求和”的分类汇总。效果如图2-96所示。

新丝路公司日常费用统计表

公司名称：新丝路第一分公司　　制表人：李丽　　时间：2019.08.15

时间	姓名	所属部门	费用类别	金额（元）	备注
			办公费 汇总	2270	
			差旅费 汇总	4300	
			交通费 汇总	80	
			手续费 汇总	500	
			招待费 汇总	750	
			招聘费 汇总	300	
			总计	8200	

财务签字：　　申报人签字：

图2-96

步骤8　使用“分类汇总”工作表中的数据创建“簇状水平条形图”，图表样式设置为“样式29”。选中条形图，通过右侧的属性面板修改条形图的颜色和效果，并保存在当前工作表中，如图2-97所示。

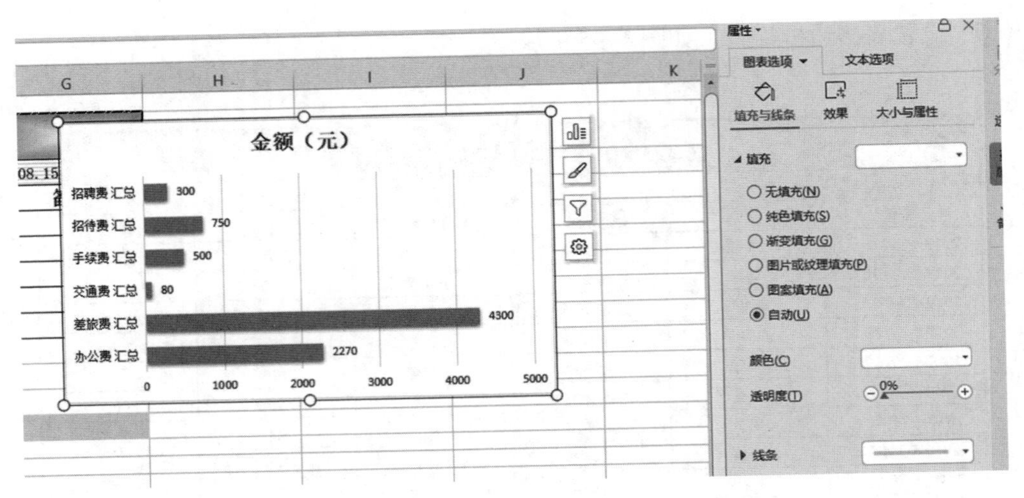
金额（元）
招聘费 汇总
招待费 汇总
手续费 汇总
交通费 汇总
差旅费 汇总
办公费 汇总
300
750
500
80
4300
2270
0
1000
2000
3000
4000
5000
属性
图表选项
文本选项
填充与线条
效果
大小与属性
填充
无填充(N)
纯色填充(S)
渐变填充(G)
图片或纹理填充(P)
图案填充(A)
自动(U)
颜色(C)
透明度(T)
0%
线条

图 2–97

模块三

WPS 演示篇

模块三
WPS演示篇课件

案例一

完善《初识WPS演示》演示文稿

案例背景

WPS演示与Microsoft PowerPoint的作用一样，可通过文字、图形图像、色彩及动画视频等方式，将需要表达的内容直观、形象地展示给观众。WPS演示文稿是一种具有艺术性和美感的表现形式，WPS演示文稿的制作原则是清晰、简洁和视觉化。本案例需要完善一个尚未完成的演示文稿——初识WPS演示，让演讲者能直接使用。

知识技能

完成本案例任务并达成如下目标。

（1）能新建、复制、粘贴、删除、保存和背景填充演示文稿。

（2）能掌握WPS演示界面的板块功能。

完善《初识WPS演示》演示文稿

效果展示

效果展示如图3-1所示。

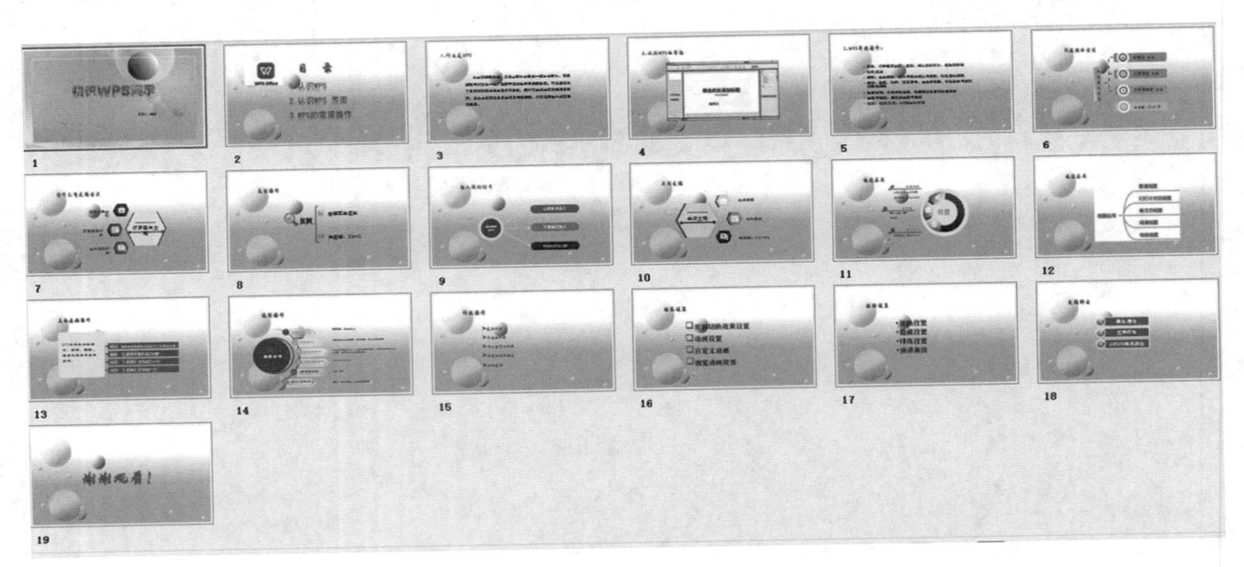

图3-1

任务实施

任务一　创建与更改WPS演示文稿

步骤1　双击WPS Office软件图标打开WPS Office软件，依次点击【新建】→【新建演示】→【以“白色”为背景色新建空白演示】或【+】，如图3-2所示。

步骤2　依次点击【文件】→【打开】，选择“任务一　初识WPS演示.pptx”文件素材，或使用快捷键【Ctrl+O】后，再选择“任务一　初识WPS演示.pptx”文件素材，如图3-3所示。

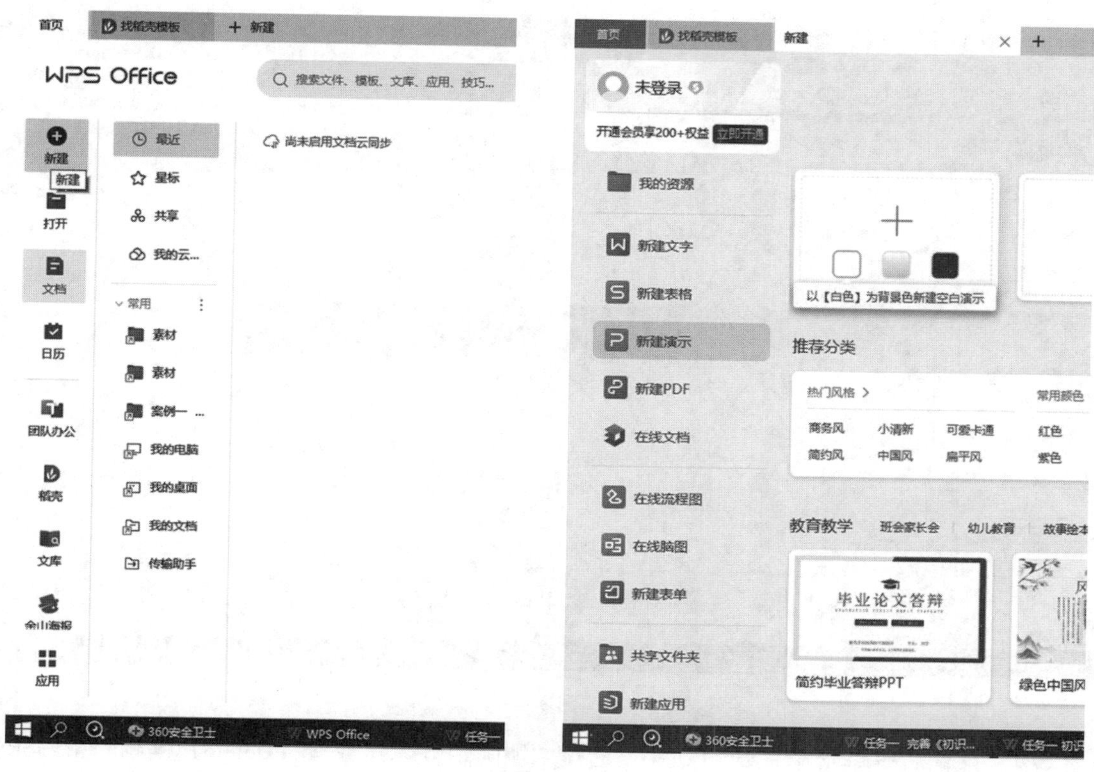

图3–2

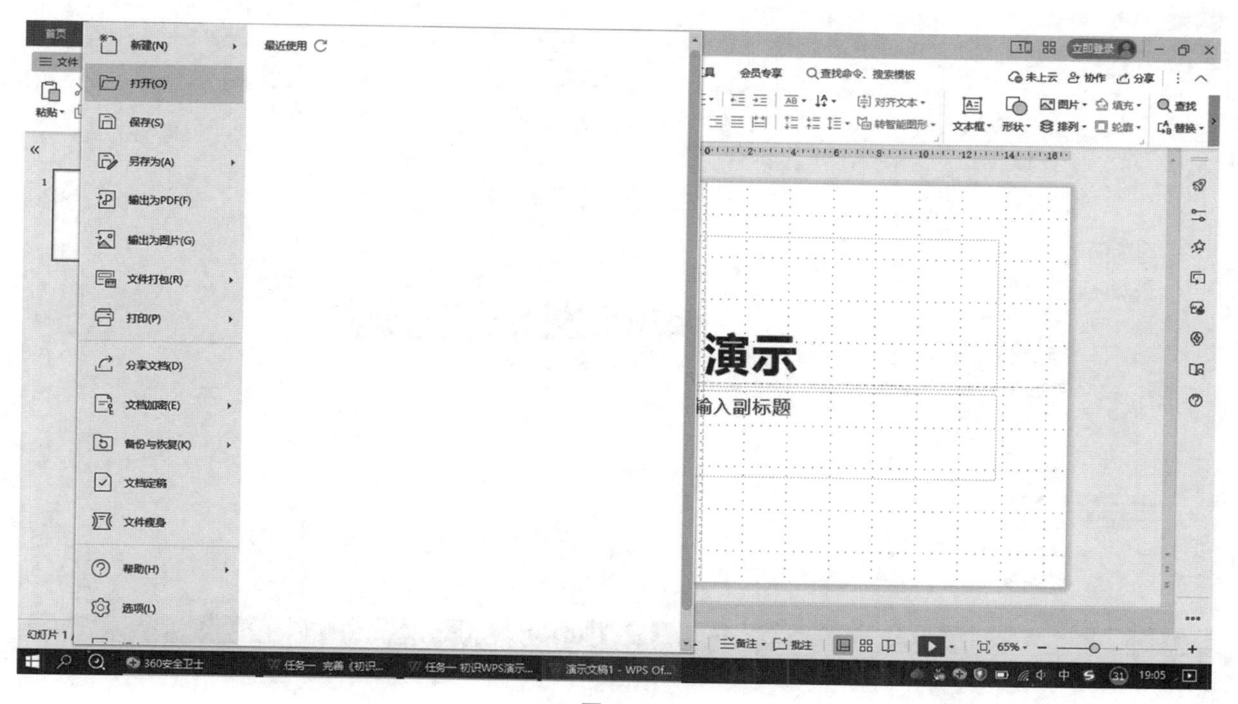

图3–3

步骤3 单击导航栏窗格，全选（快捷键为【Ctrl+A】）素材的幻灯片，复制（快捷键为【Ctrl+C】）幻灯片，粘贴（快捷键为【Ctrl+V】）到新建的幻灯片中，如图3–4所示。

图3-4

步骤4 鼠标右键单击第一张幻灯片，选择“删除幻灯片”或按【Delete】键删除第一张幻灯片，如图3-5所示。

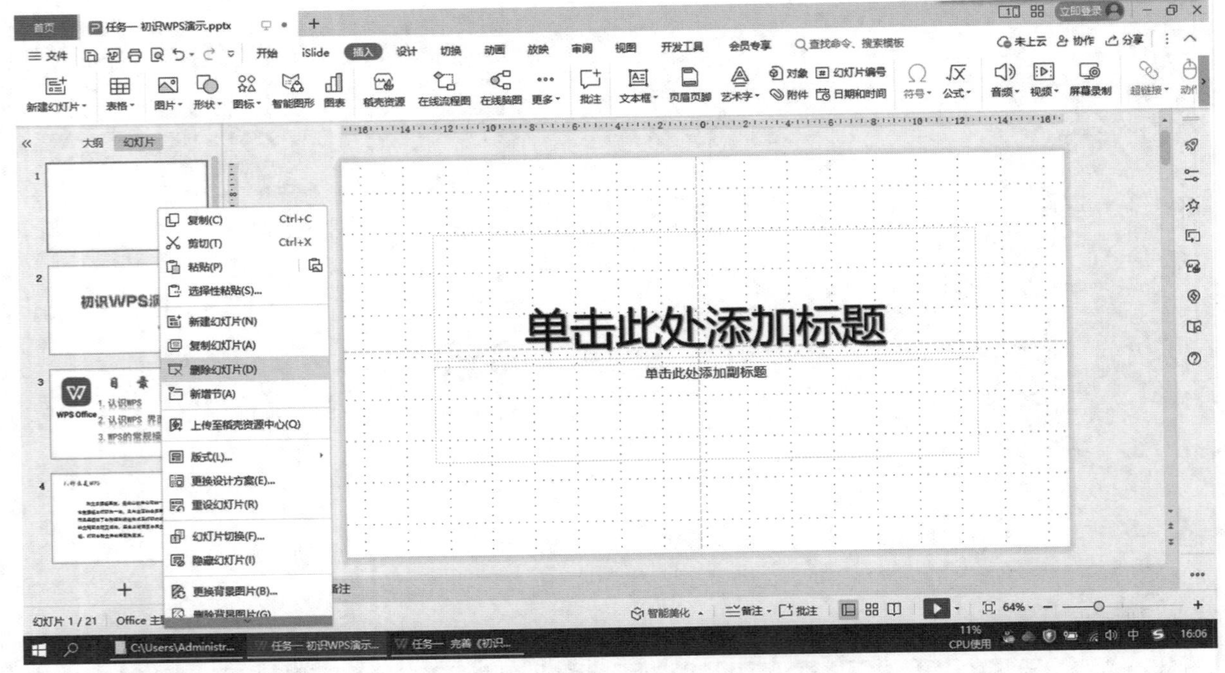

图3-5

步骤5 依次点击【设计】→【背景】，通过右侧的“对象属性”面板选择相应的背景填充样式；或依次点击【设计】→【背景】，在弹出的对话框中选择相应的背景填充样式。效果如图3-6所示。

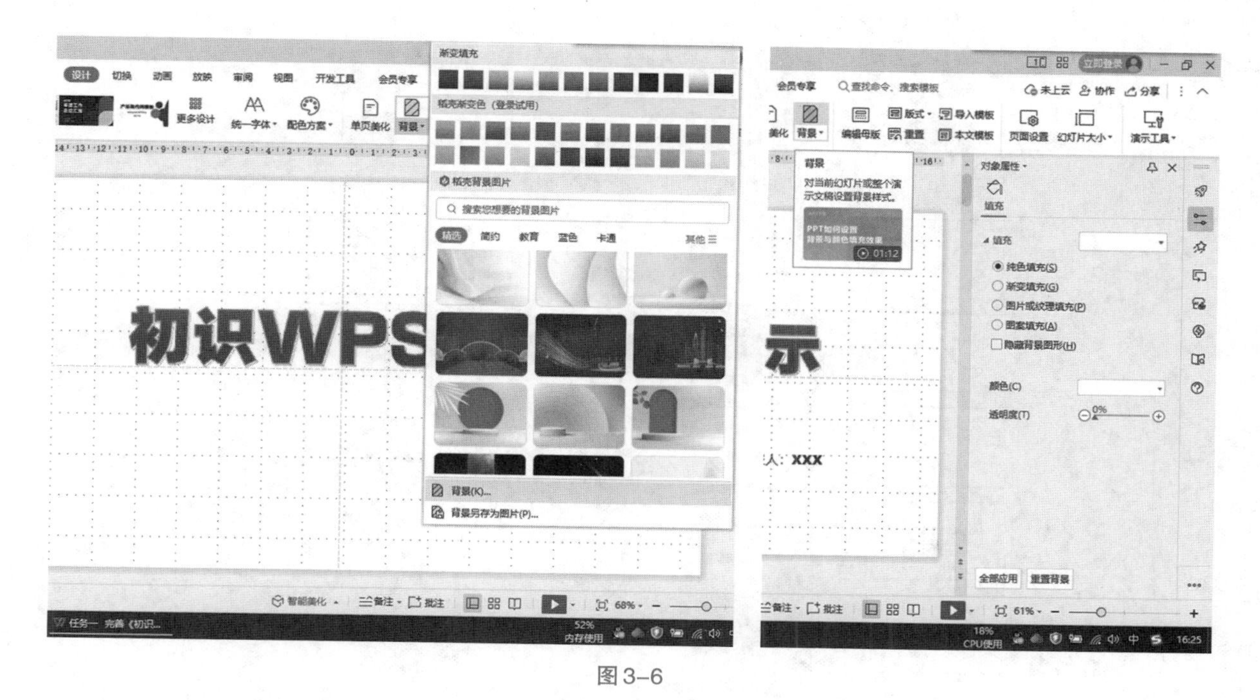

图 3–6

步骤6　在"对象属性"面板中，选择"填充"下的"图片或纹理填充"，选择"图片填充"下拉菜单中的"本地图片"，选择素材"背景1.png"图片，点击【打开】按钮，如图3–7所示。

图 3–7

步骤7　鼠标左键单击选中导航栏窗格中的第2张幻灯片，再按住【Shift】键，下滑鼠标滚轮或下拉窗格滑条，然后鼠标左键单击第19张幻灯片。采用与步骤6同样的操作，把"背景2.png"用于选中的幻灯片的背景，如图3–8所示。

图3-8

任务二　完善和保存WPS演示文稿

步骤1　依次点击【设计】→【幻灯片大小】→【自定义大小】，在弹出的“页面设置”对话框中选择“全屏显示（16：9）”，点击【确定】按钮，在弹出的“页面缩放选项”对话框中点击【确保适合】按钮，如图3-9所示。

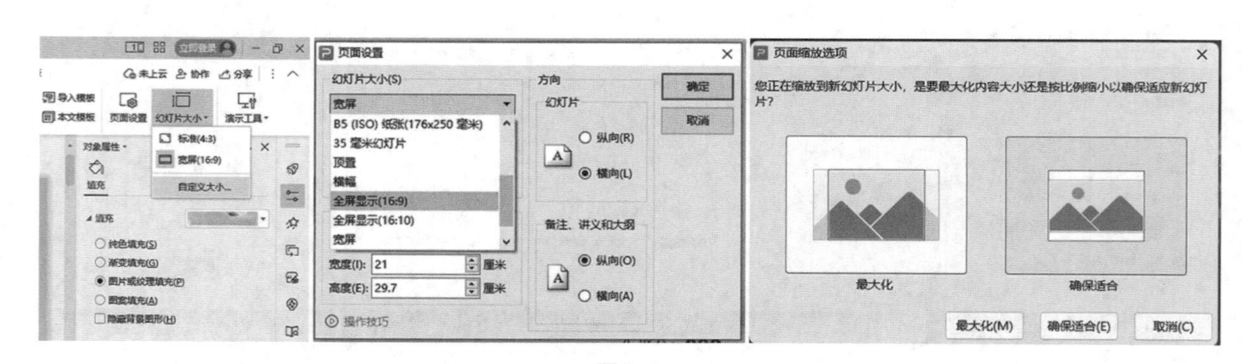

图3-9

步骤2　在“视图”选项卡中，勾选“标尺”“网格线”“任务窗格”和“参考线”复选框，如图3-10所示。

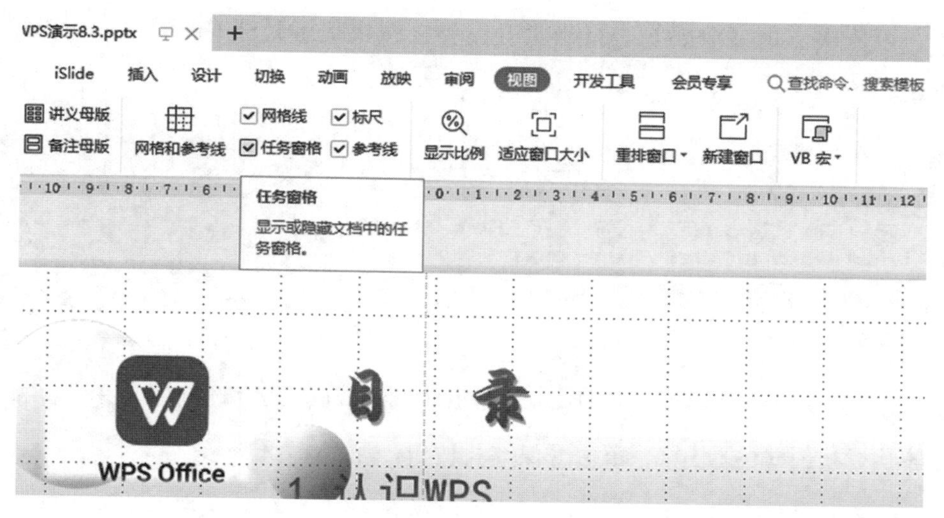

图 3–10

步骤3　单击“视图”选项卡下的“网格和参考线””，在弹出的“网格线和参考线”对话框中，按图3–11中的样式设置参数，单击【确定】按钮。根据网格线位置设置内容页幻灯片的标题位置，如图3–12所示。

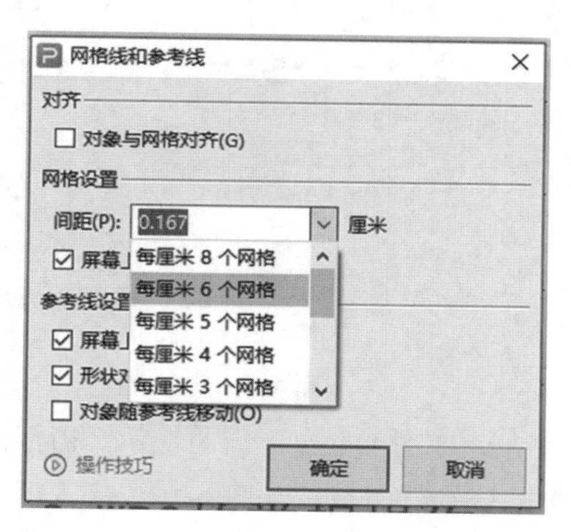

图 3–11

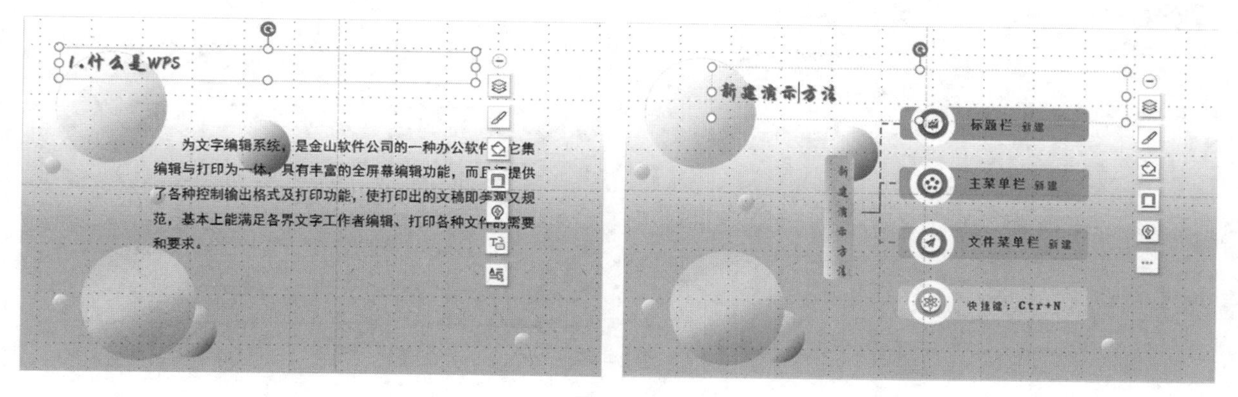

图 3–12

步骤4　依次点击【放映】→【从头开始】，或按快捷键【F5】，从头播放幻灯片。幻灯片放映过程中，可单击鼠标左键、滑动鼠标滚轮或单击左下角的【下一页】进行翻页。若想从当前页播放幻灯片，可依次点击【放映】→【当页开始】或按快捷键【Shift+F5】，如图3–13所示。按【Esc】键可退出播放。

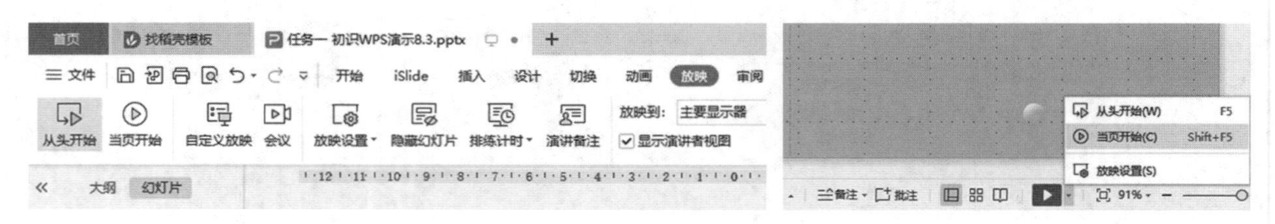

图3–13

步骤5 在“文件”下拉菜单中选择“另存为”，或按快捷键【F12】，选择“我的桌面”，文件名填“任务一　初识WPS演示”，单击【保存】按钮，如图3–14所示。

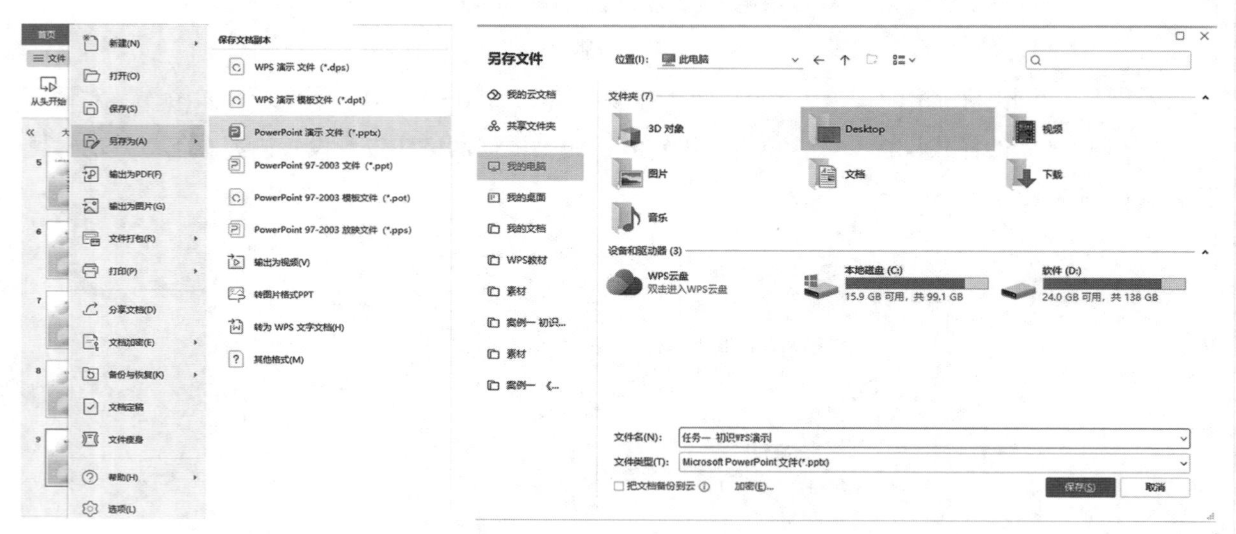

图3–14

步骤6 依次点击【文件】→【文件打包】→【将演示文档打包成文件夹】，文件夹名称填“任务一　初识WPS演示”，单击【确定】按钮，如图3–15所示。

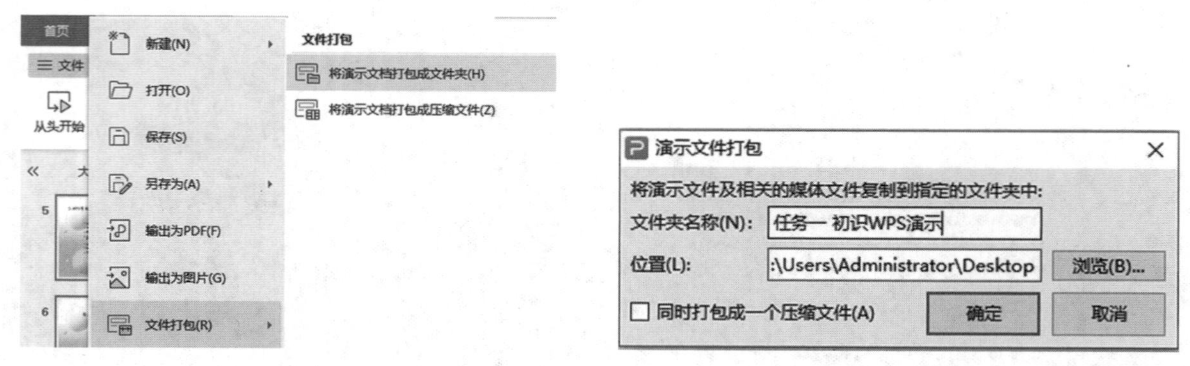

图3–15

友情提示

在WPS演示中，不同的视图可以满足我们的不同需求。普通视图：大纲窗格、幻灯片窗格。幻灯片浏览视图：可以将幻灯片以缩略图的形式整齐地显示在同一个窗口中，方便幻灯片的背景设计和配色方案选择，能够轻松地在幻灯片之间添加、删除和移动幻灯片，以及选择幻灯片放映的动画过渡。备注页视图：主要用于在演示的幻灯片中添加或编辑、修改批注内容，在此模式下，无法编辑幻灯片的内容，但页面顶部会显示当前幻灯片内容的缩略图，底部会显示备注内容的占位符。阅读视图：该视图是演示的最终效果，在演示文稿中创建段落时，可以使用此视图进行检查，以便及时修改幻灯片的细节。

同时，页面右下角的显示比例条也可以用来调节幻灯片显示的大小，让我们可以更方便地对幻灯片进行编辑。

案例二

完善《销售工作总结》演示文稿

案例背景

企业一般都会定期举行工作总结会，在工作总结汇报时，WPS演示文稿必不可少。因此，我们需要学会制作工作总结类的演示文稿。

知识技能

完成本案例任务并达成如下目标。

（1）学会插入和编辑表格。

（2）学会插入和编辑图表，并能修改其显示样式属性。

（3）学会正确设置表格中文字数据的属性。

（4）使学生养成良好的职业素养。

完善《销售工作总结》演示文稿

效果展示

效果展示如图3-16所示。

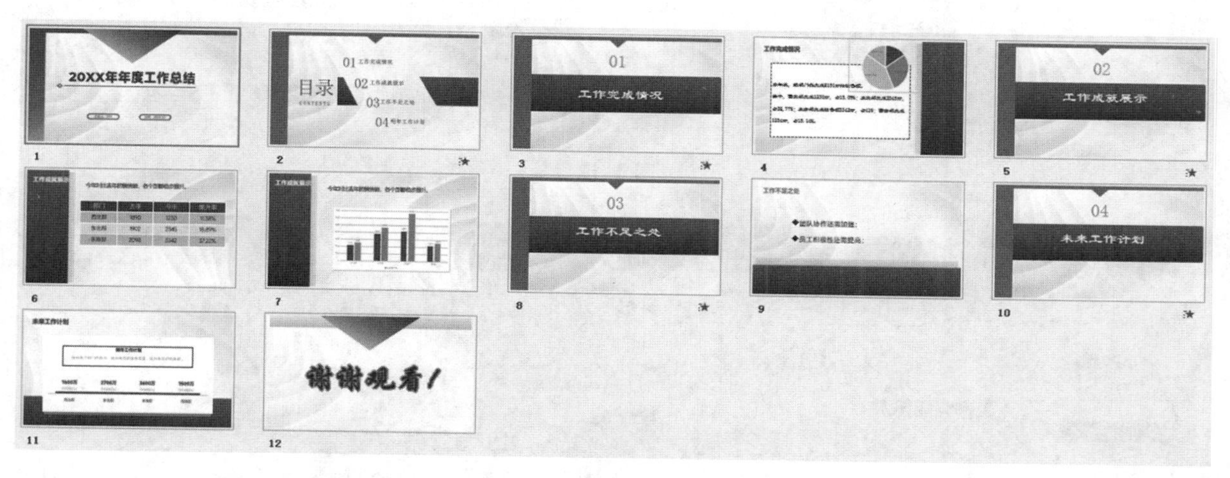

图3-16

任务实施

任务一　创建完善表格数据

步骤1　依次点击【文件】→【打开】，选择“案例三 销售工作总结”素材文件夹下的“案例三 销售工作总结.pptx”，或鼠标直接双击“案例三 销售工作总结.pptx”演示文稿。

步骤2　打开“案例三 销售工作总结”素材文件夹的销售数据表格，选中饼状图，按快捷键【Ctrl+C】复制饼状图，然后在导航栏窗格选择第4张幻灯片，按快捷键【Ctrl+V】粘贴到幻灯片的右上角，如图3-17所示。

步骤3　单击饼状图，选择“绘制工具”，图表样式设置为无填充和无边框，如图3-18所示。

步骤4　单击【图表元素】图标，选择“数据标签”下拉菜单中的“更多选项”，在“对象属性”面板中设置相关参数：勾选“类别名称”复选框，“标签位置”选择“数据标签内”，“类别”选择“数字”，“小数位数”填入“0”，如图3-19所示。

步骤5　单击【图表元素】图标，选择“图例”下拉菜单栏中的“无”选项来删除图例，或双击饼状图中的图例，按【Delete】键进行删除，调整饼状图到合适位置，如图3-20所示。

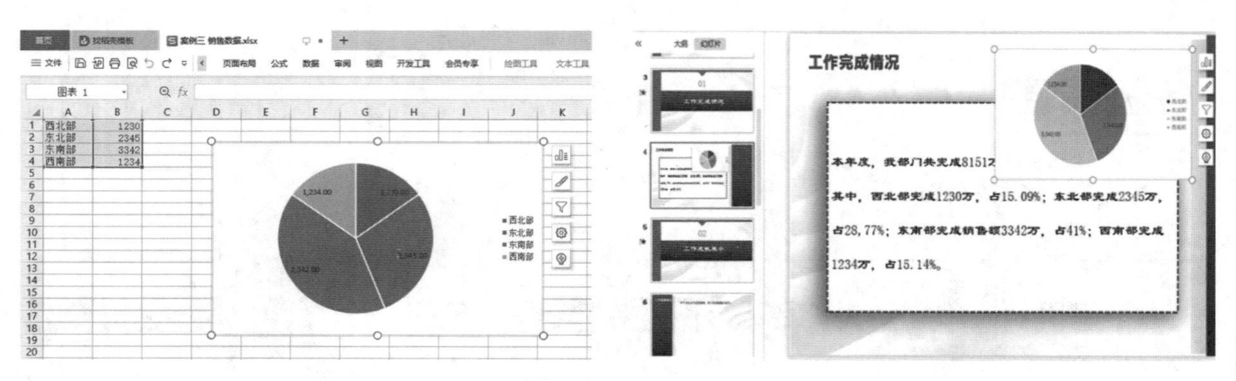

图 3–17

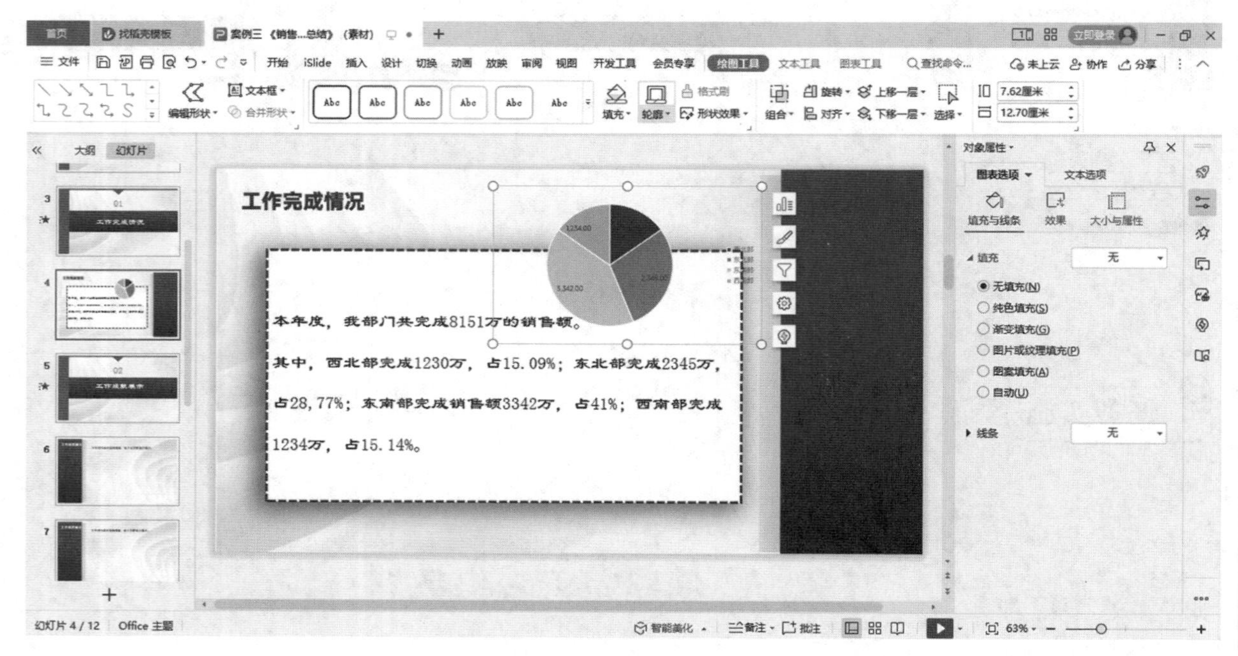

图 3–18

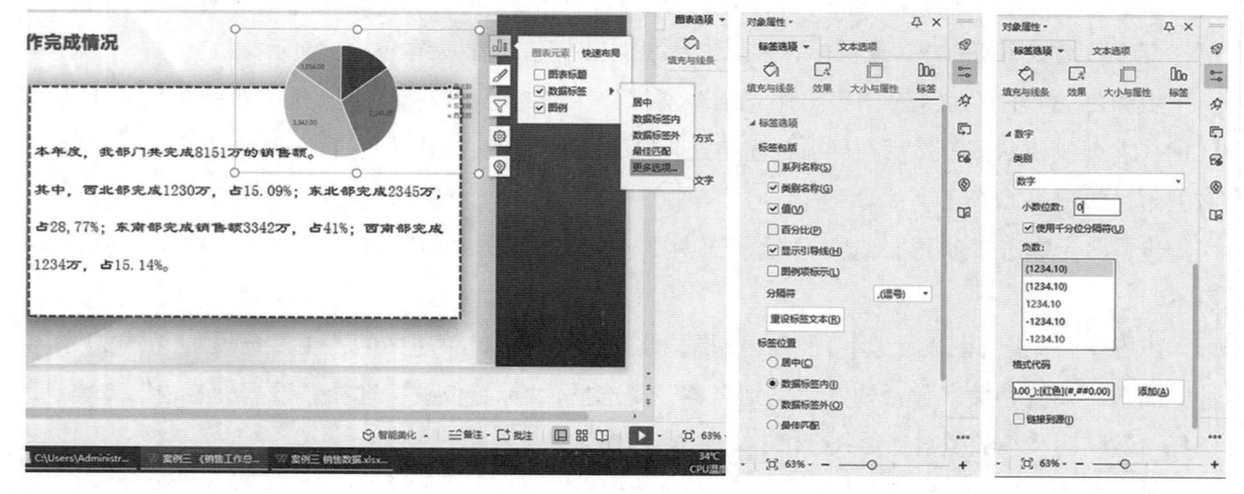

图 3–19

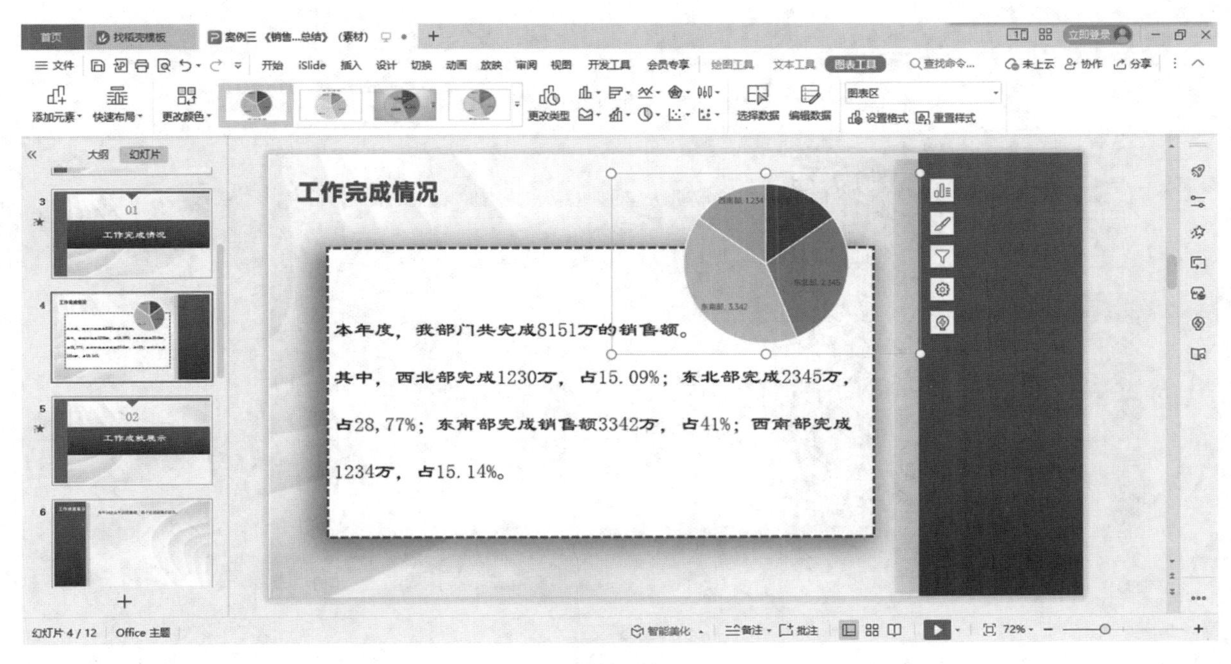

图3-20

步骤6　在“案例三 销售数据.xlsx”工作簿中，选择“两年销售额对比表”中的柱状图，按快捷键【Ctrl+C】复制，按快捷键【Ctrl+V】粘贴到第7张幻灯片中，并调节柱状图的大小，如图3-21所示。

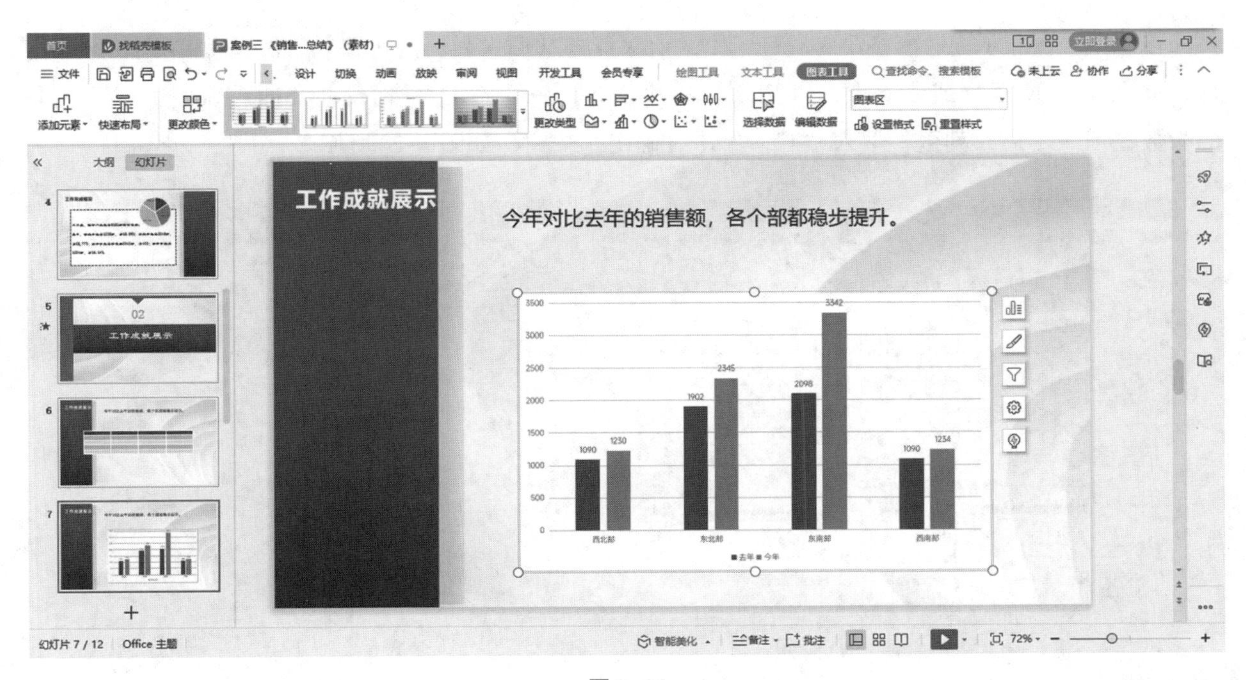

图3-21

步骤7　单击柱状图，选择“绘制工具”，图表样式设置为无填充和无边框，如图3-22所示。

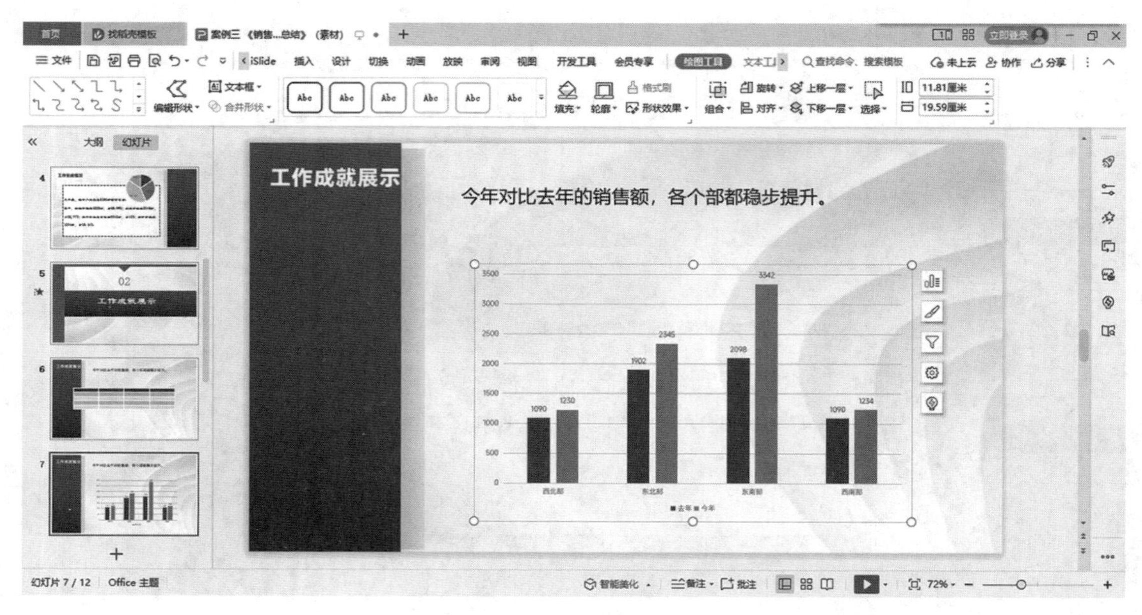

图 3–22

任务二　插入并编辑表格

步骤 1　单击导航栏窗格第 6 张幻灯片，依次点击【插入】→【表格】，插入一个 4 列 5 行的表格，如图 3–23 所示；或依次点击【插入】→【表格】→【插入表格】，在“插入表格”对话框中的行数栏填入“5”，列数栏填入“4”，单击【确定】按钮，如图 3–24 所示。

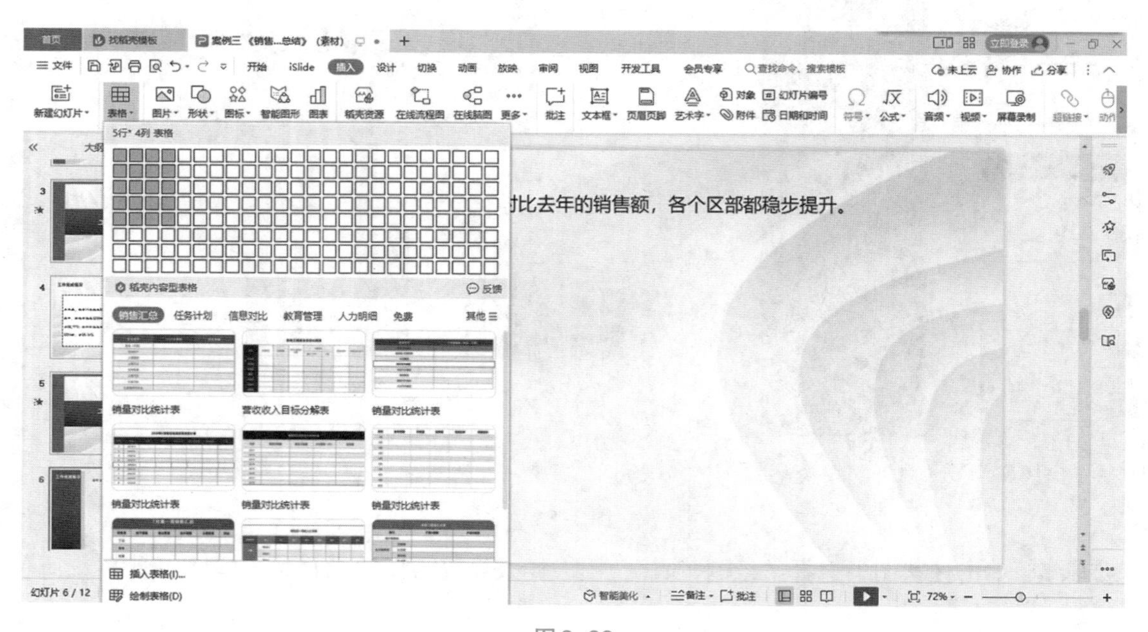

图 3–23

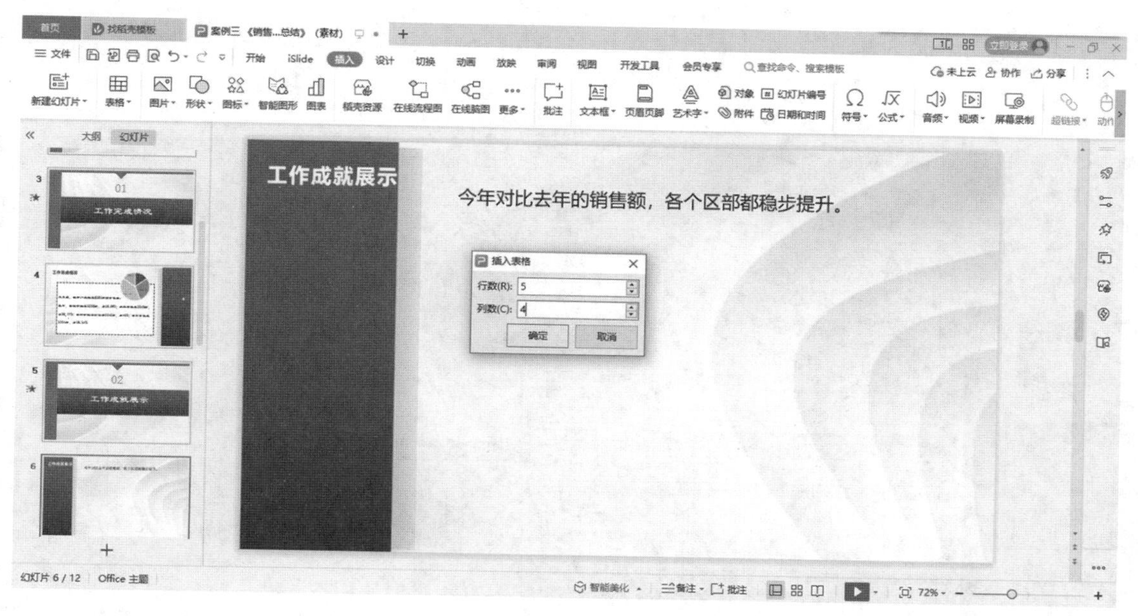

图3-24

步骤2　按快捷键【Ctrl+C】复制“案例三 销售数据.xlsx”工作簿中的“两年销售额对比”数据，如图3-25所示。选中第6张幻灯片中表格的全部单元格，按快捷键【Ctrl+V】将选中的数据粘贴到选中的单元格中，如图3-26所示。

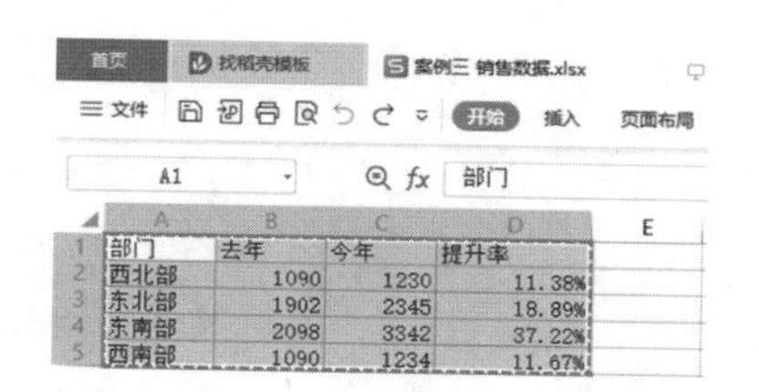

部门	去年	今年	提升率
西北部	1090	1230	11.38%
东北部	1902	2345	18.89%
东南部	2098	3342	37.22%
西南部	1090	1234	11.67%

图3-25

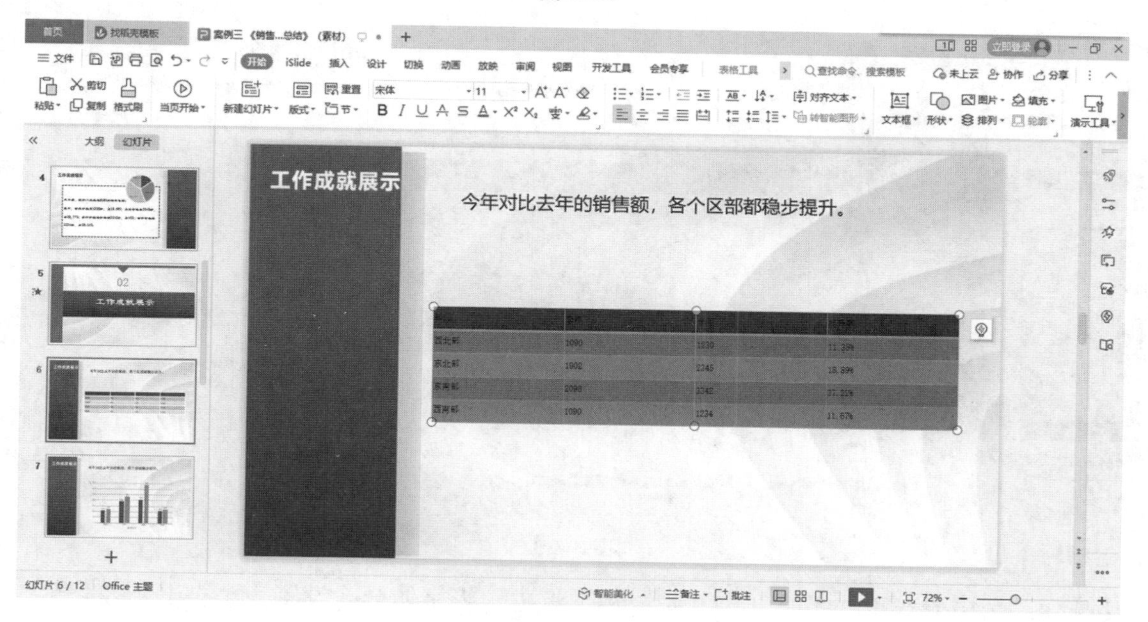

图3-26

步骤3 单击表格，依次点击【表格样式】→【中色系】→【中度样式2，强调1】，如图3-27所示。

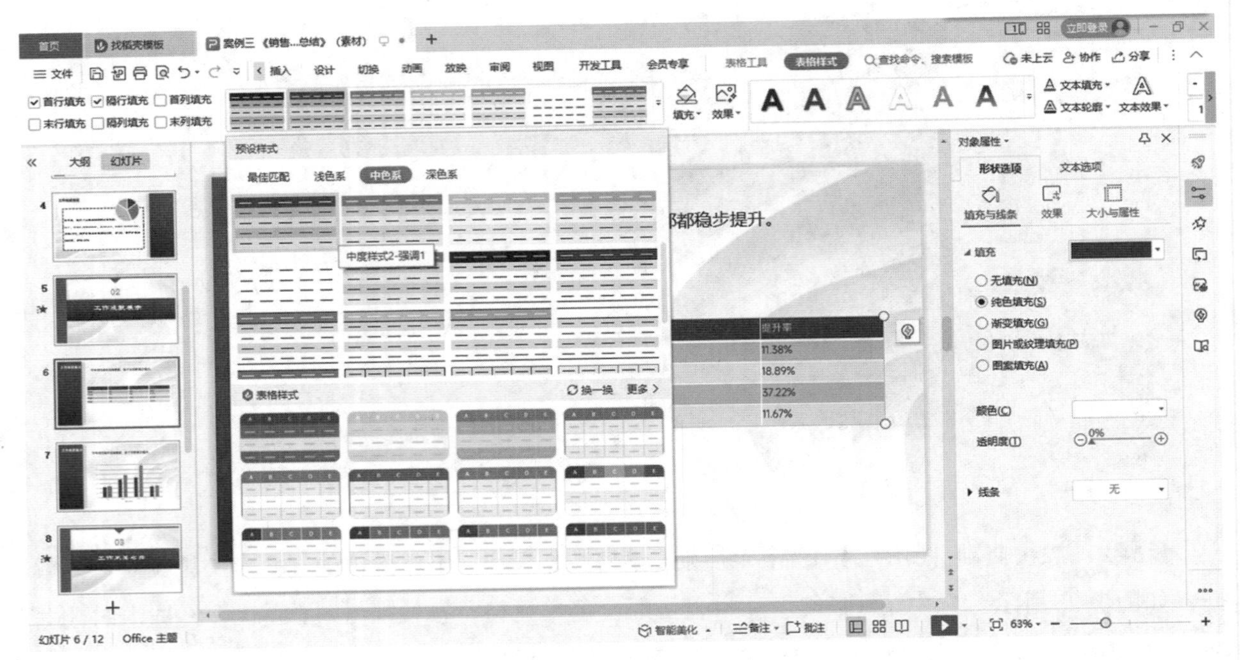

图3-27

步骤4 鼠标光标移动到表格边缘，按住鼠标左键不放，拖曳表格至合适大小，如图3-28所示。

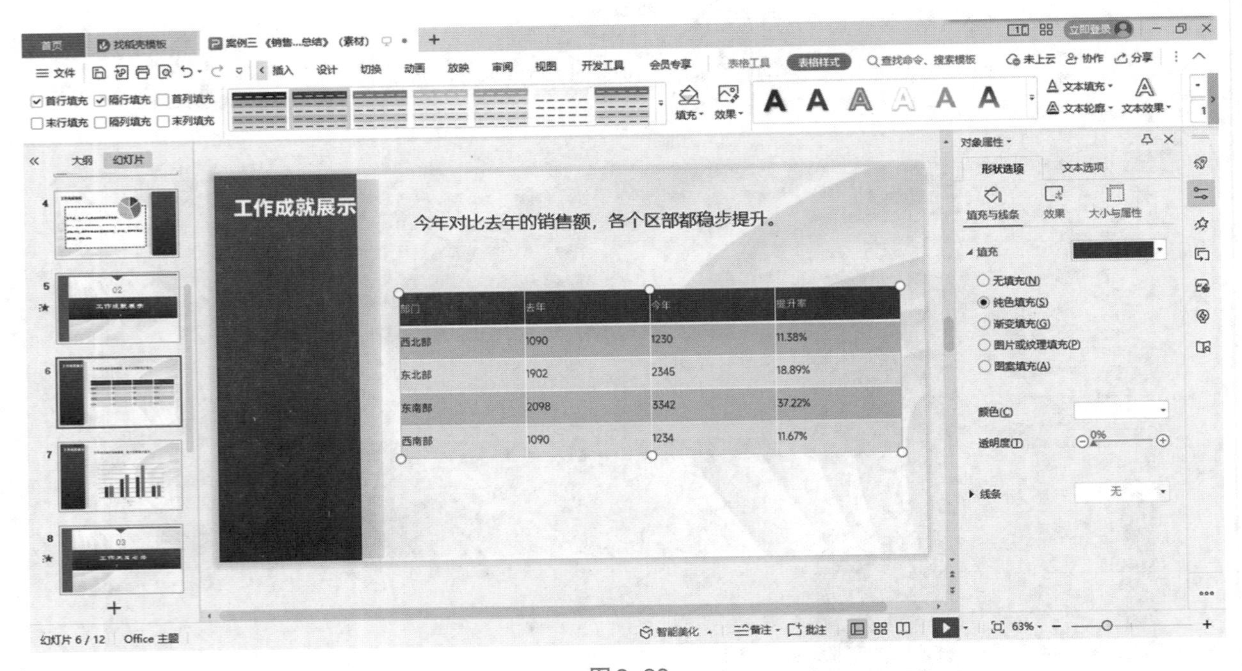

图3-28

步骤5 选中表头单元格，在“开始”选项卡中，将字体样式设置为“隶书”“24号”“加粗”，对齐方式选择“居中对齐”，如图3-29所示。

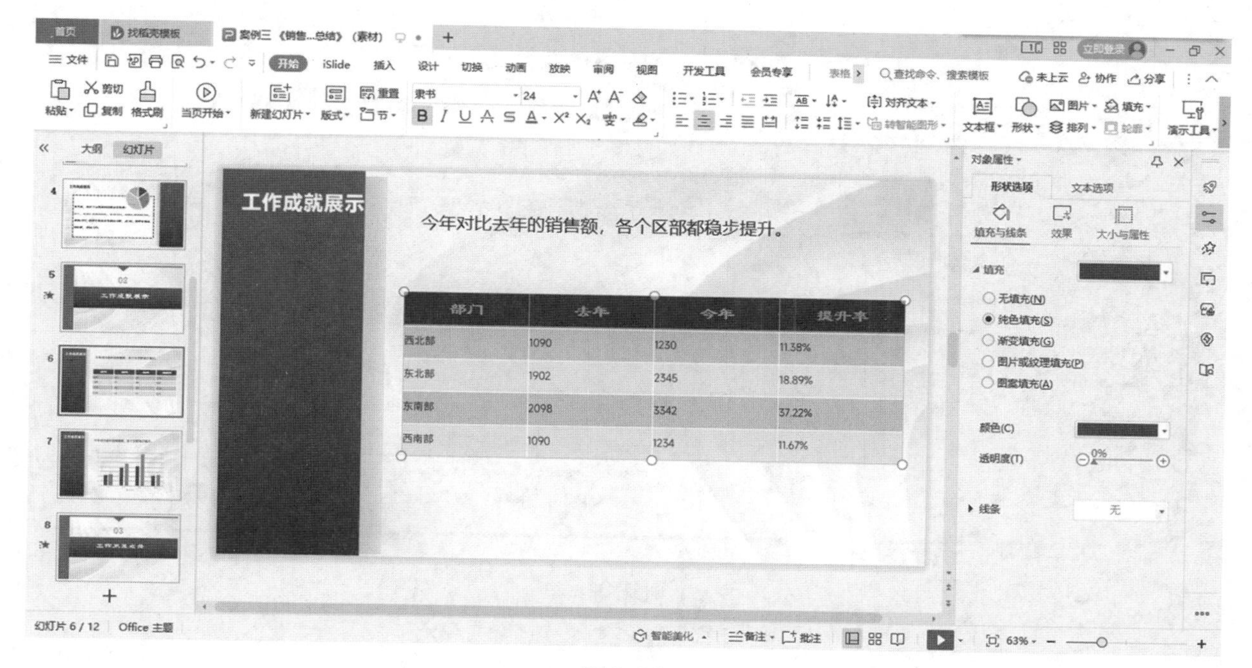

图3-29

步骤6　选中表格第2～5行，在“开始”选项卡中，将字体样式设置为“黑体”“20号”“加粗”，对齐方式选择“居中对齐”，如图3-30所示。

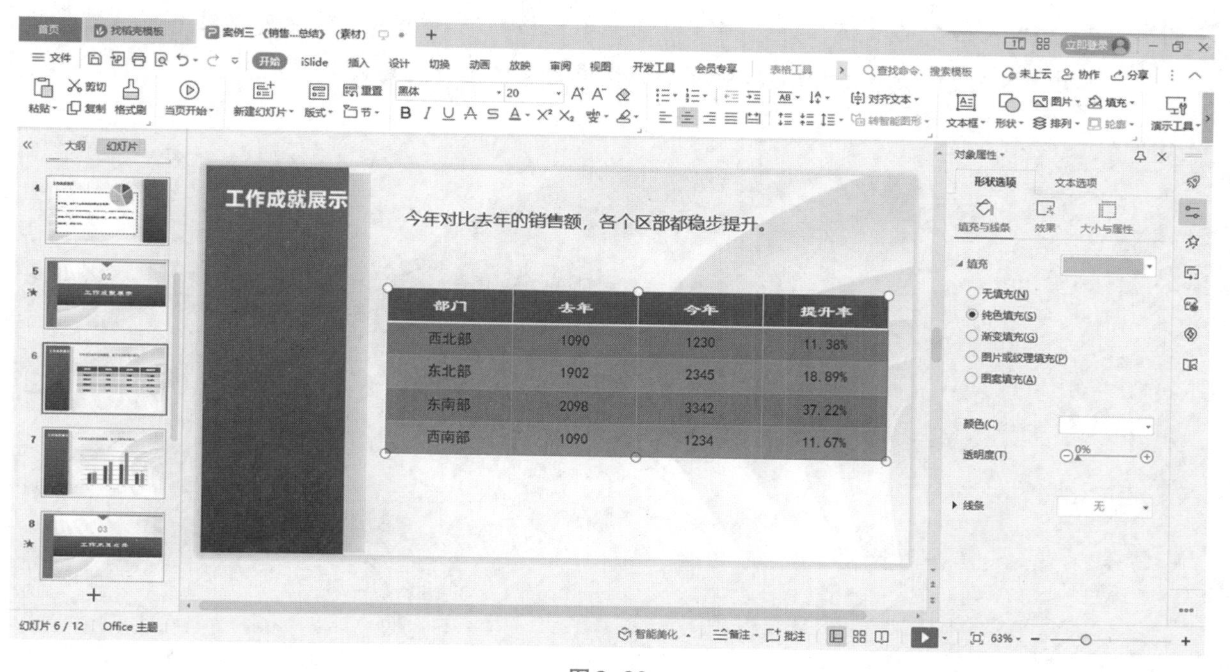

图3-30

步骤7　在“文件”下拉菜单中选择“另存为”，或按快捷键【F12】，选择“我的桌面”，文件名填“任务三　销售工作总结”，单击【保存】按钮，如图3-31所示。

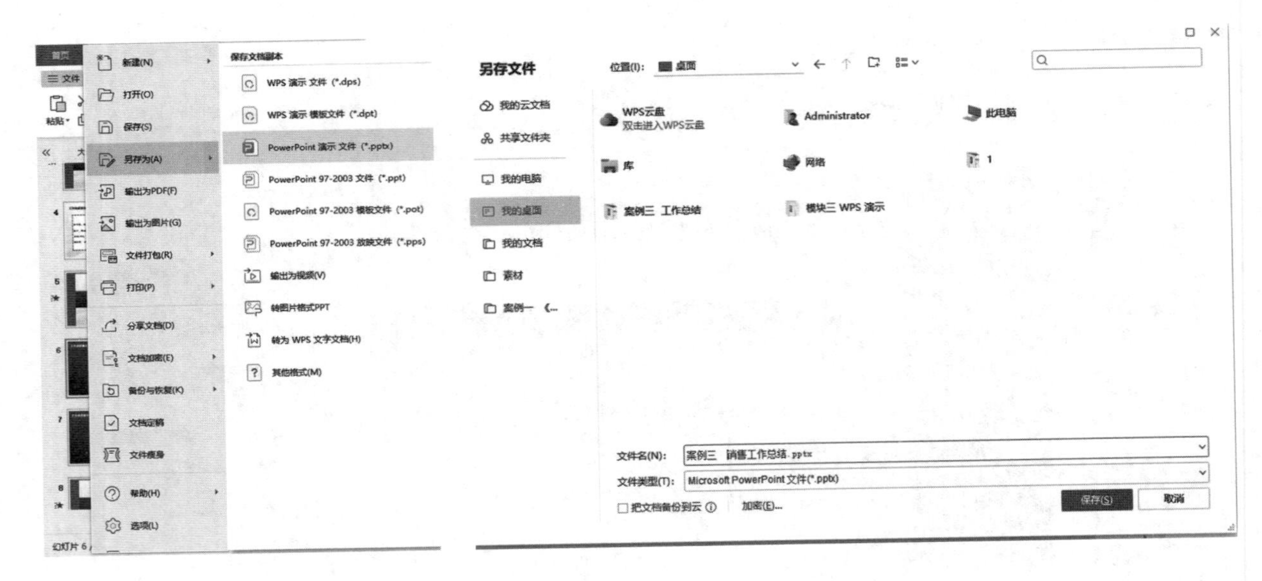

图 3–31

友情提示

任何演示文稿中的元素都可以通过双击操作对象快速调出元素属性的设置框。WPS演示文稿中的表格和WPS表格中的表格一样，都可以调节单元格的高和宽，同时也可以对单元格进行合并、拆分操作。此外，还可以根据需求对演示文稿中的表格进行主题设置。

案例三

制作《致敬劳模精神》演示文稿

案例背景

岗位意识、职业精神、进取精神、拼搏精神、创新精神、家国情怀和奉献精神等是劳模精神的重要元素。劳模精神是对社会主义核心价值观的生动诠释和现实呈现，是引领时代新风的精神高地，生动体现了时代精神的实质、主要特征和重要内容，继承并发扬了中华民族传统优秀的劳动观念，树立并彰显了“辛勤劳动、诚实劳动、创造性劳动”的新理念，是我们必备的精神之一。

任务简述

“五一”劳动节快到了，学校要开展“致敬劳模精神”的主题班会，因此需要制作一个以“致敬劳模精神”为主题的演示文稿。

在这个案例中，我们需要完成：标题页、目录页、过渡页、内容页和结尾页。具体操作如下：演示文稿的新建和另存，背景图片和项目符号的插入，演示文稿的母版创建与使用，艺术字、文字、段落的编辑和文本框的使用，图片图形的插入与编辑，文本框的编辑，参考线等辅助线的运用，不同视图的应用和动画切换等操作。

知识技能

完成本案例任务并达成如下目标。

（1）能创建与应用演示文稿的母版。

（2）能插入和编辑正圆、线条等图形形状。

（3）会插入和编辑艺术字体。

（4）会使用项目符号并设置其属性。

（5）能按要求调整文段行距。

（6）会正确设置两种文本框及其边框和文字属性。

（7）能明白文本框与文段显示的关系。

（8）会插入图片及设置其属性（阴影倒影）。

（9）能正确设置图片层次关系。

（10）能简单设置文字和图片的动画。

（11）能简单设置幻灯片的切换样式。

效果展示

效果展示如图3-32所示。

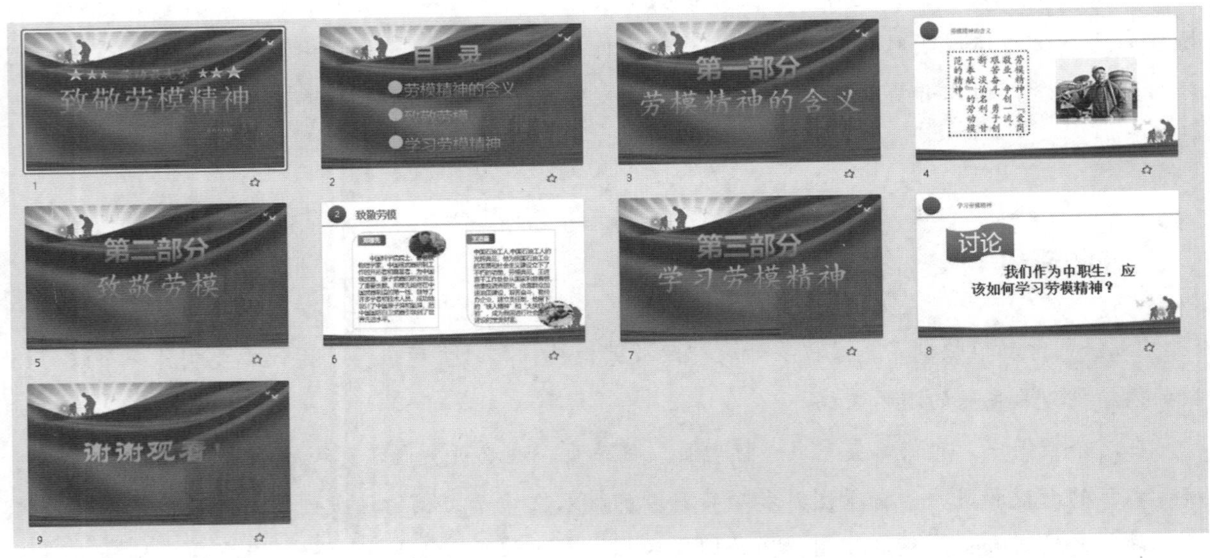

图3-32

任务实施

创建《致敬劳模精神》演示文稿

任务一　创建《致敬劳模精神》演示文稿

步骤1　双击桌面WPS Office软件图标，打开WPS Office软件。

步骤2　依次点击【新建】→【新建演示】→【以白色为背景色新建空白演示】创建空白演示文稿，如图3-33所示。

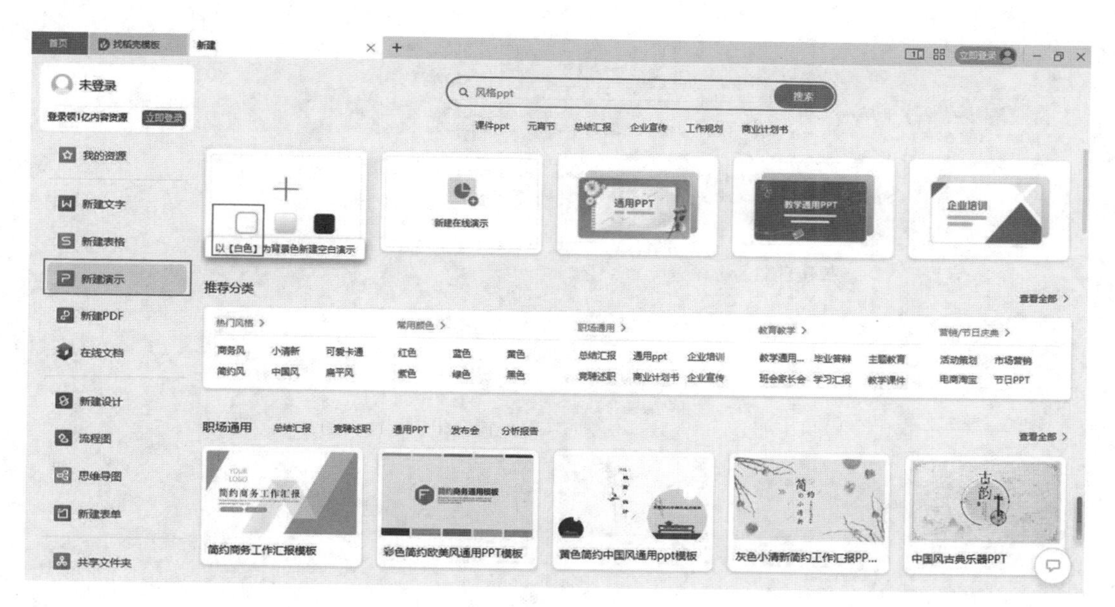

图3-33

步骤3　依次点击【开始】→【新建幻灯片】，并连续点击【新建幻灯片】按钮3下，新建3张幻灯片，如图3-34所示。单击鼠标左键选中其中一张幻灯片，按【Delete】键即可删除这张幻灯片。

步骤4　在“视图”选项卡中，勾选“网格线”“标尺”和“参考线”等视图辅助工具复选框，用于帮助元素定位，或点击“网格和参考线”，在弹出的“网格和参考线”对话框中设置相应的网格属性，如图3-35所示。

步骤5　把鼠标光标移动到参考线上，单击鼠标右键，如图3-36所示，即可增删参考线。此外，也可以通过拖曳参考线到幻灯片外面的方式删除参考线。

步骤6　在“文件”下拉菜单中，选择“另存为”菜单下的“PowerPoint演示文件”另存演示文稿，或按快捷键【F12】，选择桌面上的“案例三《致敬劳模精神》”文件夹，文件名填“致敬劳模精神”，如图3-37、图3-38所示。

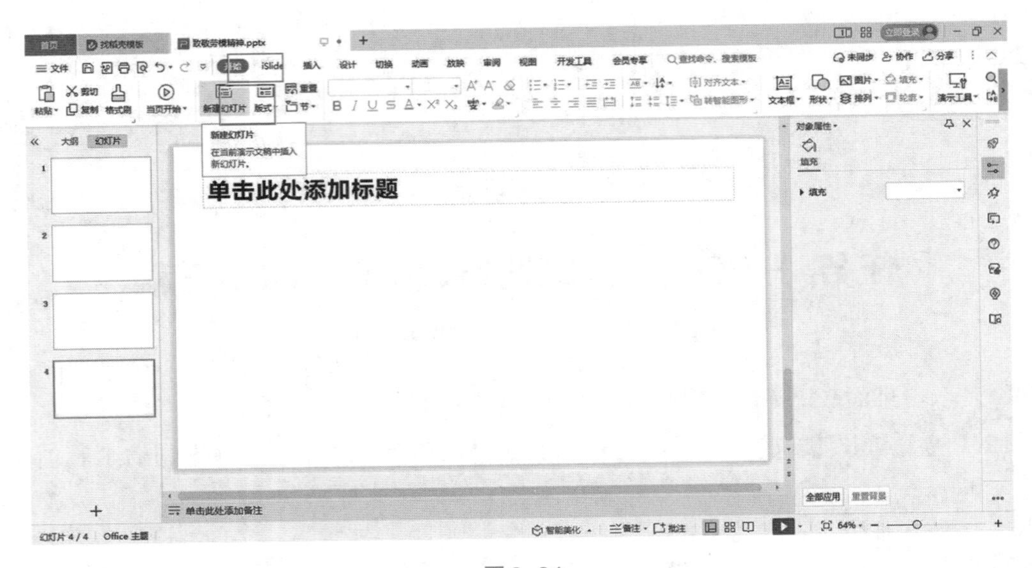

图 3–34

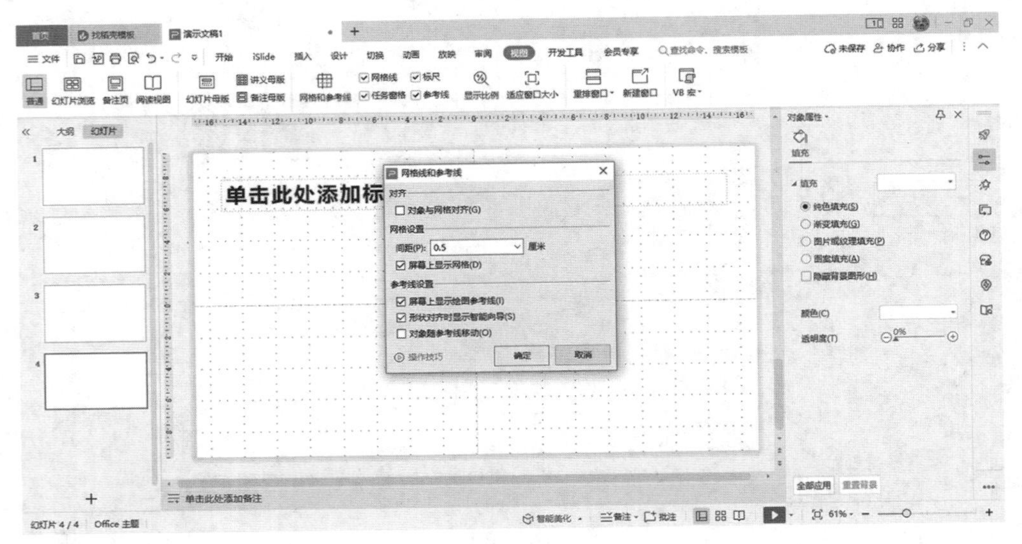

图 3–35

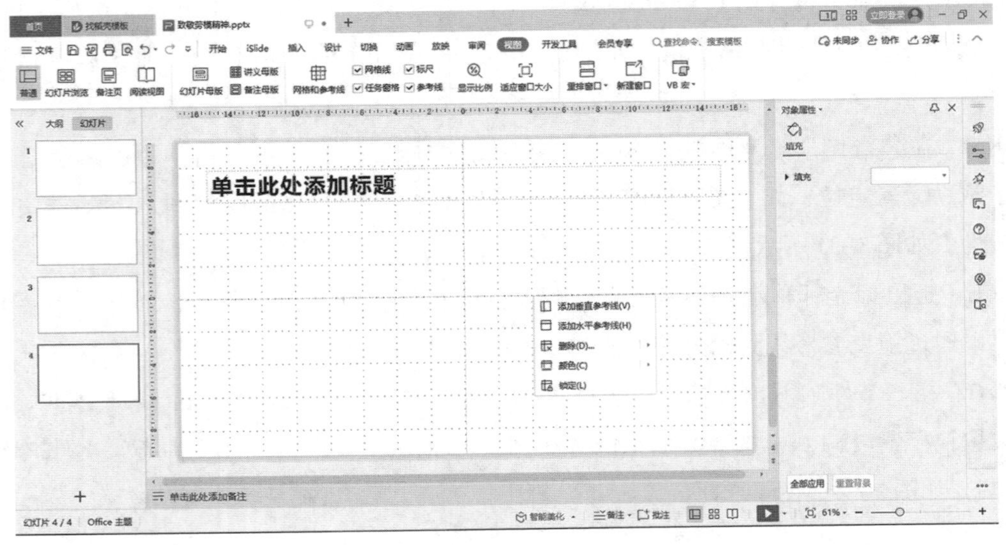

图 3–36

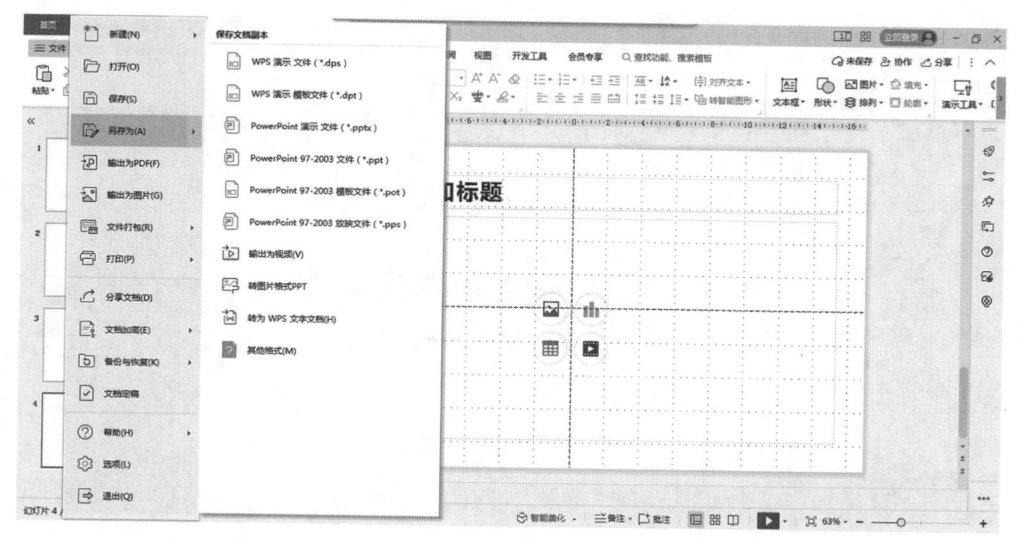

图3–37

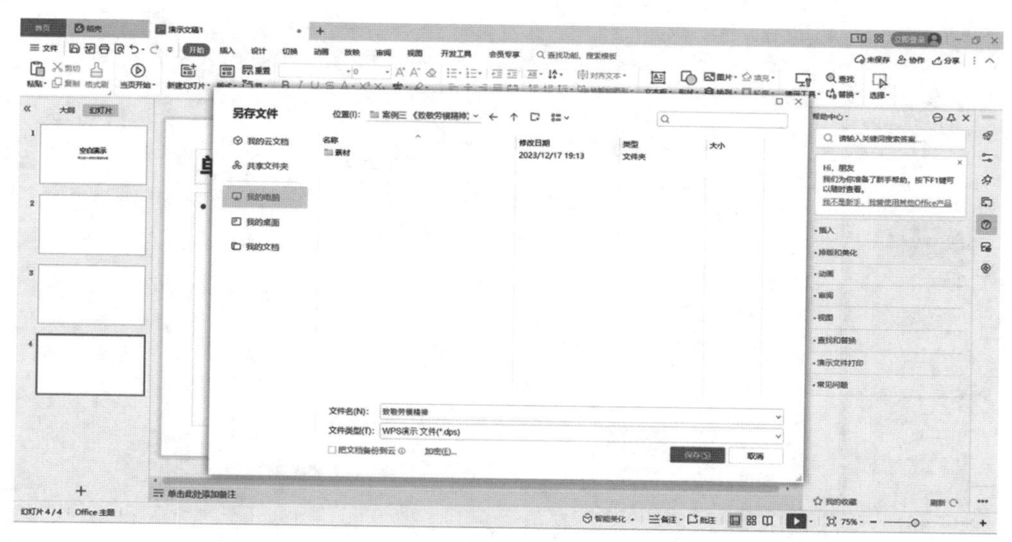

图3–38

步骤7 依次点击【视图】→【幻灯片母版】，在导航栏窗格中选择母版的第2页，如图3–39所示。

步骤8 在“设计”选项卡中，双击“背景”打开“对象属性”面板，填充类型选择“图片或纹理填充”，在“图片填充”下拉菜单中选择“本地图片”，并选择素材文件夹下的“标题背景图.jpg”作为填充图片，如图3–40所示。同时，删除母版多余文本框。

步骤9 单击左侧导航栏窗格中的第3张幻灯片母版，采取与步骤8相同的操作，选择素材文件夹下的“内容背景页.jpg” 作为填充图片，如图3–41所示。同时，删除母版多余文本框。

步骤10 依次点击【插入】→【形状】，选择“线条”菜单下的直线图标，如图3–42所示。

步骤11 在第2条水平网格线附近按住鼠标左键，绘制一条直线，如图3–43所示。

步骤12 在“对象属性”面板中单击“线条”，设置线条样式为“实线”“3.5磅”“红色”，如图3–44所示。

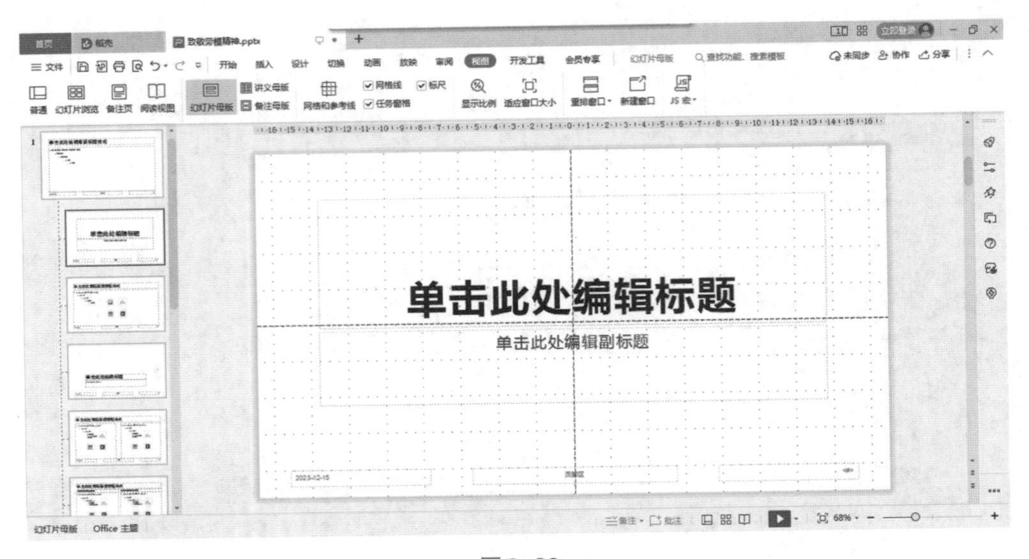

图3–39

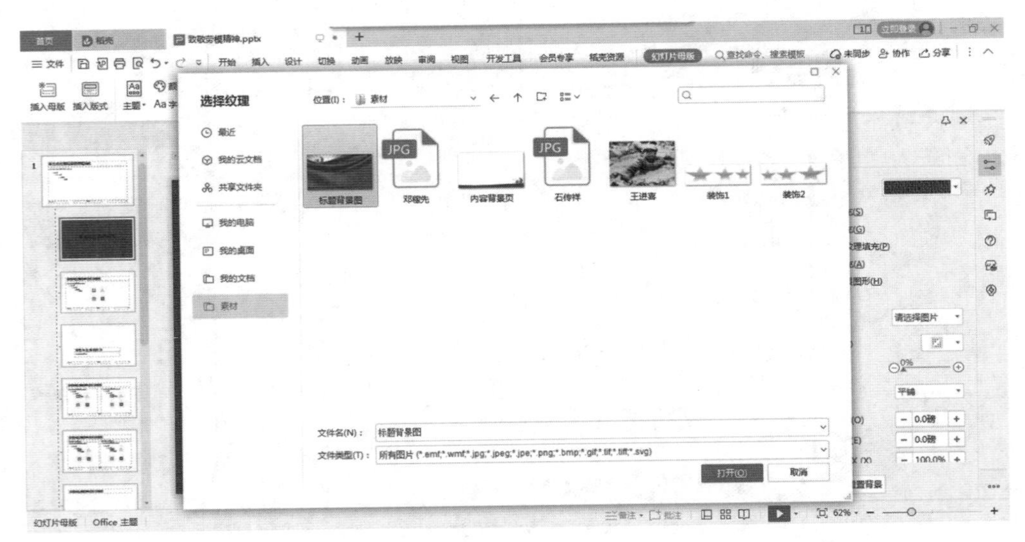

图3–40

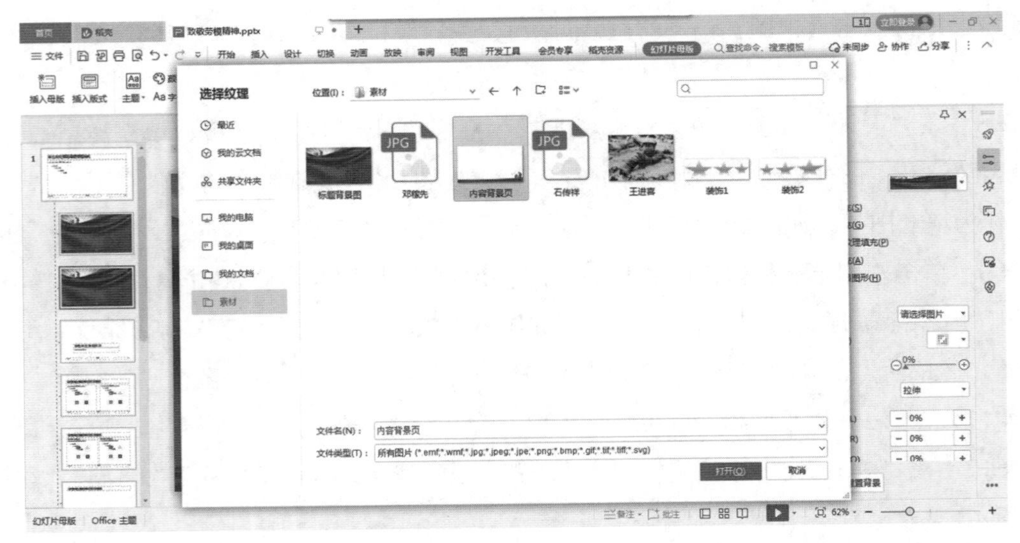

图3–41

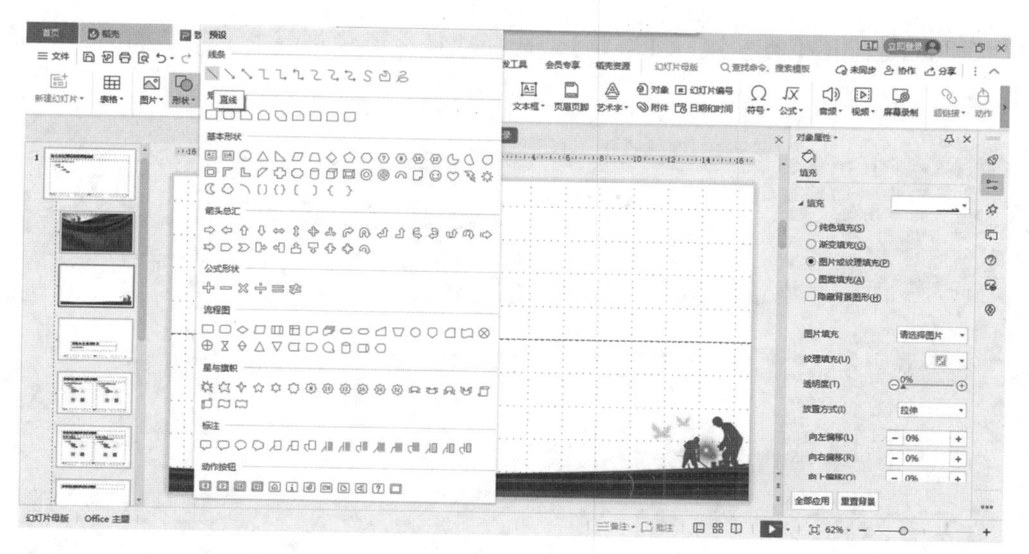

图 3–42

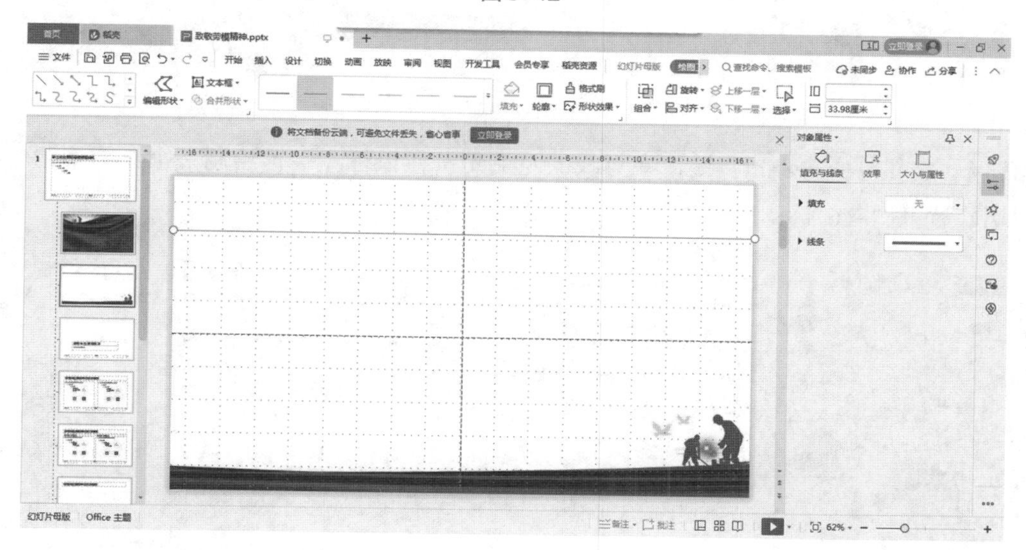

图 3–43

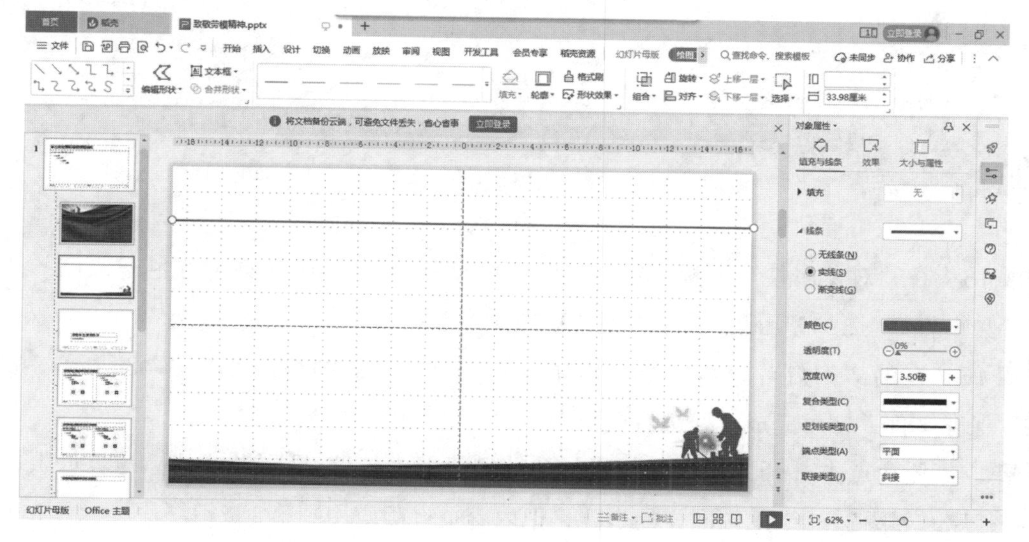

图 3–44

步骤13 依次点击【插入】→【形状】，选择“基本形状”菜单下的“椭圆”图标，如图3-45所示。

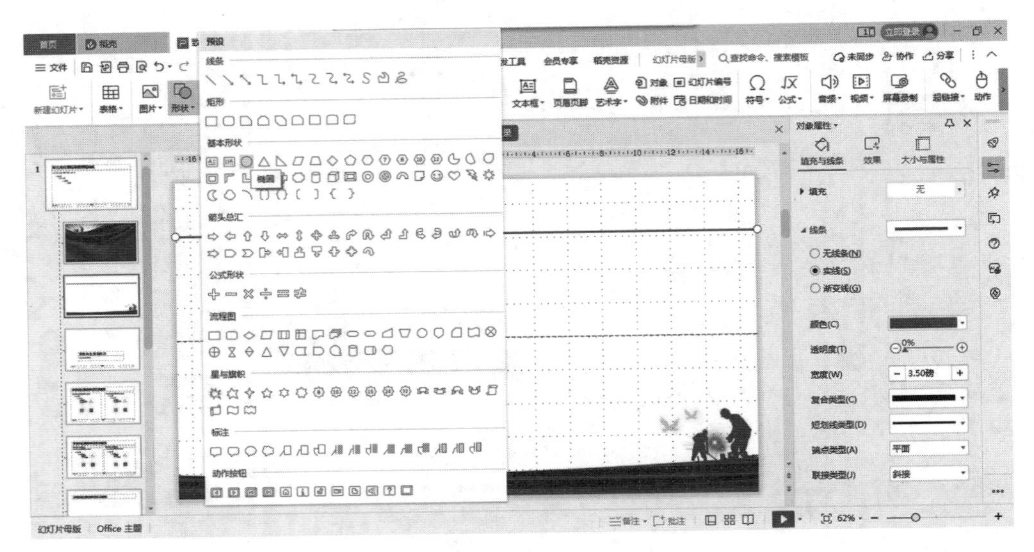

图3-45

步骤14 按住【Ctrl+Shift】键，在直线的左上角按住鼠标左键，绘制一个正圆，调整正圆的位置和大小，如图3-46所示。

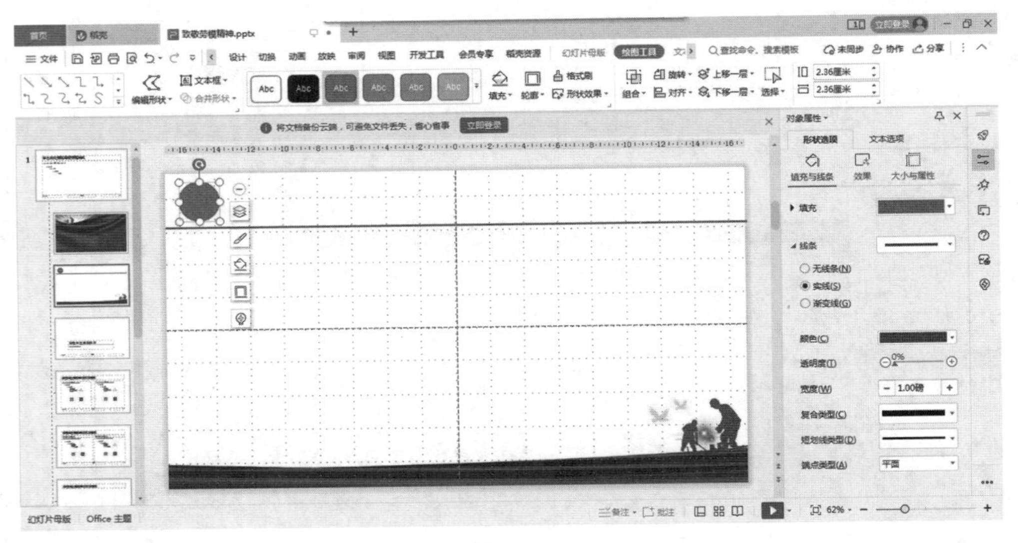

图3-46

步骤15 在“对象属性”面板中选择“渐变填充”，渐变颜色选择“红色—栗色”渐变，相关渐变参数设置如图3-47所示。线条类型选择“无线条”。

步骤16 在的“幻灯片母版”选项卡中，点击【关闭】按钮，如图3-48所示。按快捷键【Ctrl+S】保存文件，即可完成“致敬劳模精神”演示文稿的母版制作。

步骤17 依次点击【开始】→【版式】→【母版版式】，选择刚做好的标题页母版，应用到第1张幻灯片，如图3-49。采用同样的步骤，把内容页母版应用到第2张幻灯片。

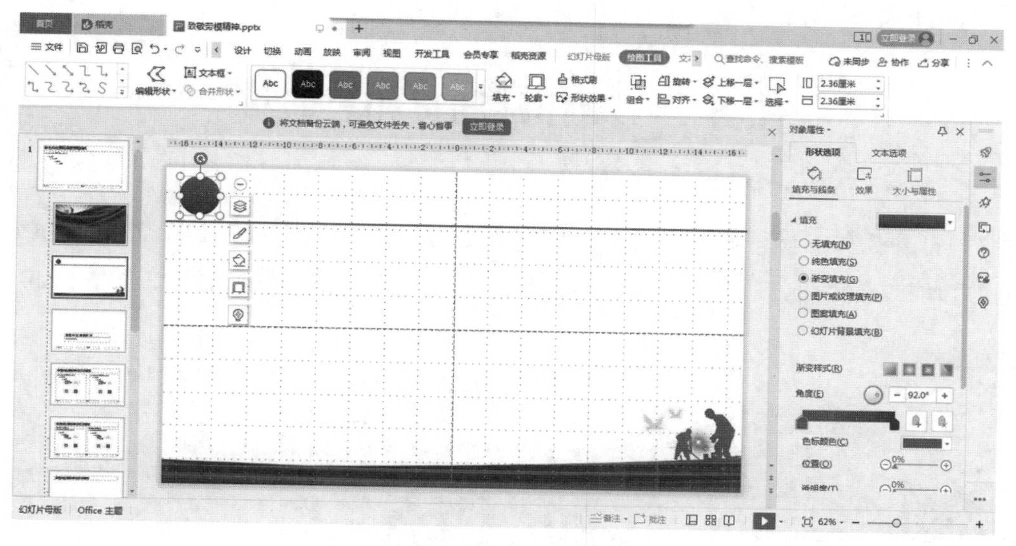

图3–47

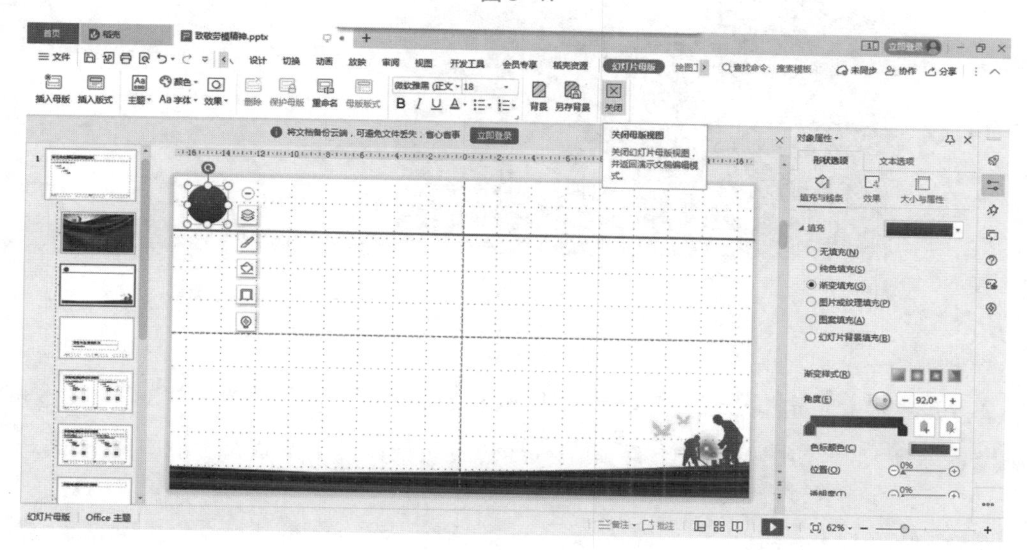

图3–48

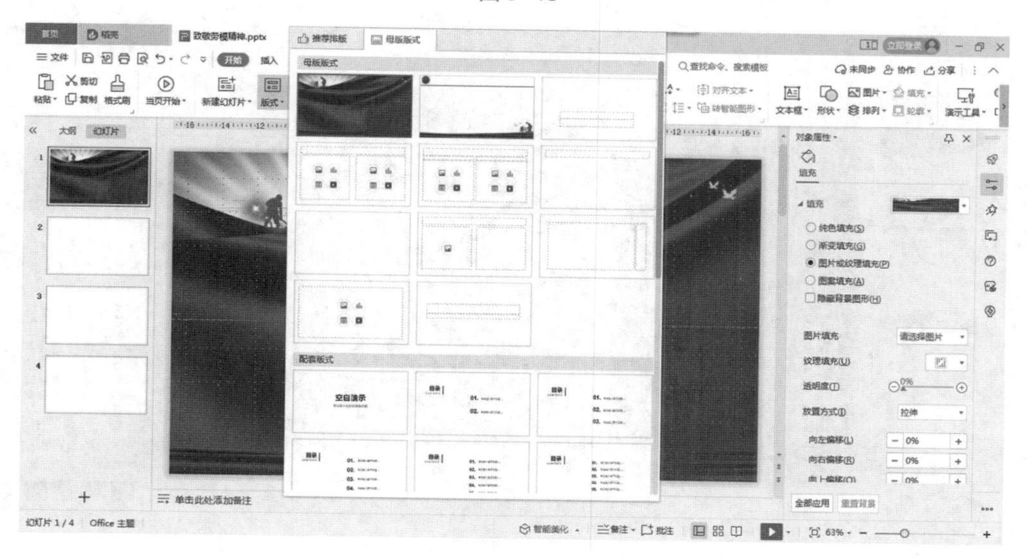

图3–49

任务二　制作标题页和过渡页

制作标题页
和过渡页

步骤1　打开任务一做好的演示文稿，依次点击【插入】→【艺术字】，选择“填充-橙色，着色4，软边缘”，在页面合适位置单击鼠标左键，输入文字“致敬劳模精神”，如图3-50所示。

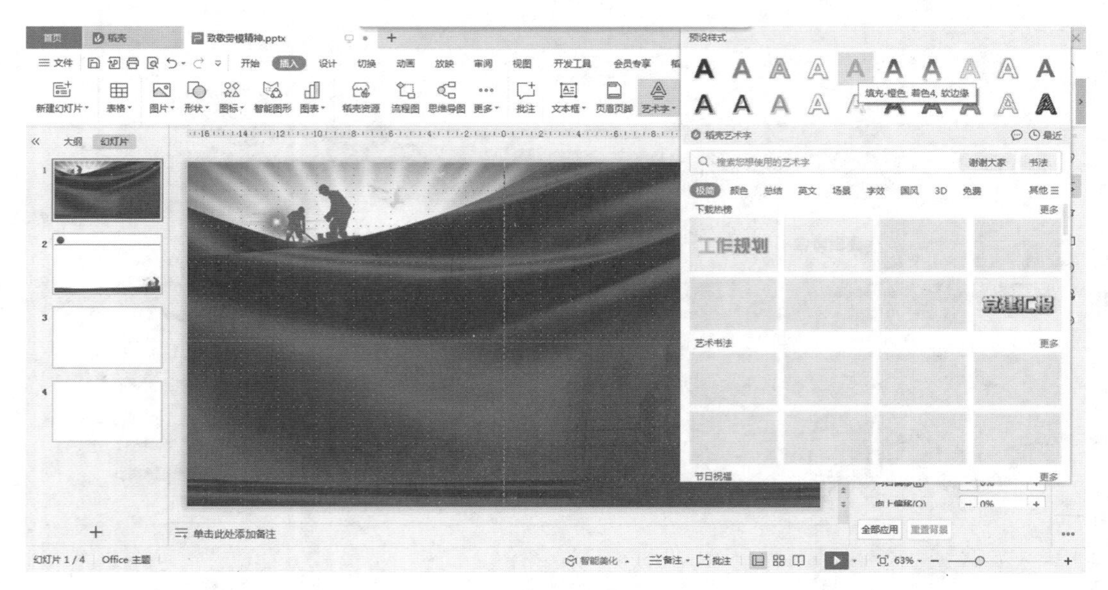

图3-50

步骤2　单击艺术字边框，设置字体为“微软雅黑”，字号大小设置为“88”，文本填充选择“金色-暗橄榄绿渐变”，如图3-51所示。调整标题位置，使其位于两条参考线中间。

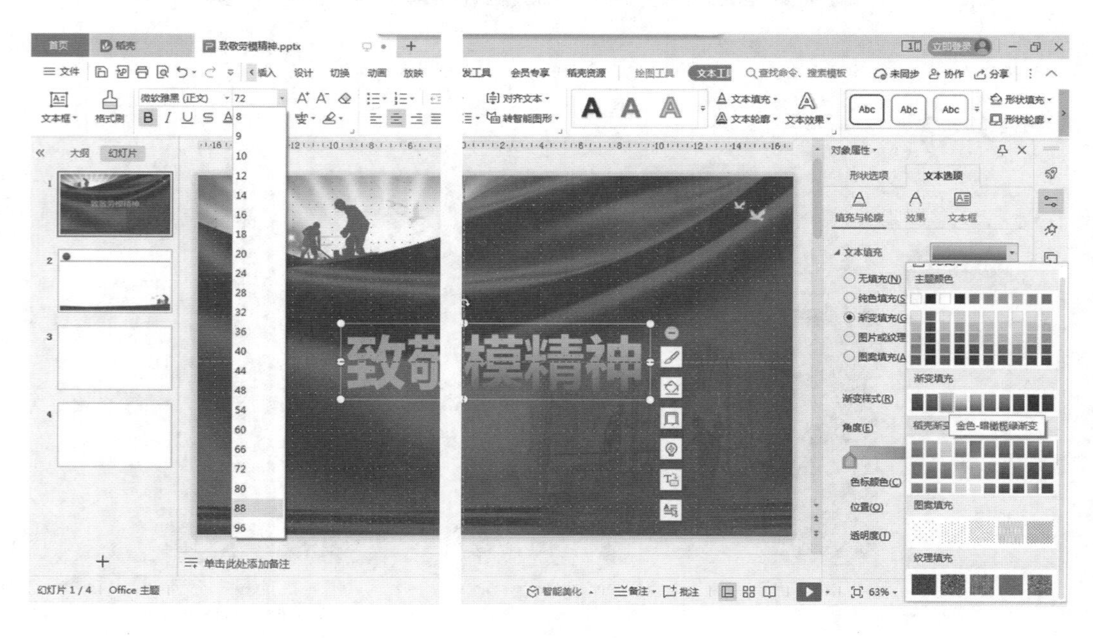

图3-51

步骤3　依次点击【插入】→【图片】→【本地图片】，选择素材文件夹下的“装饰1.png”，如图3-52所示。

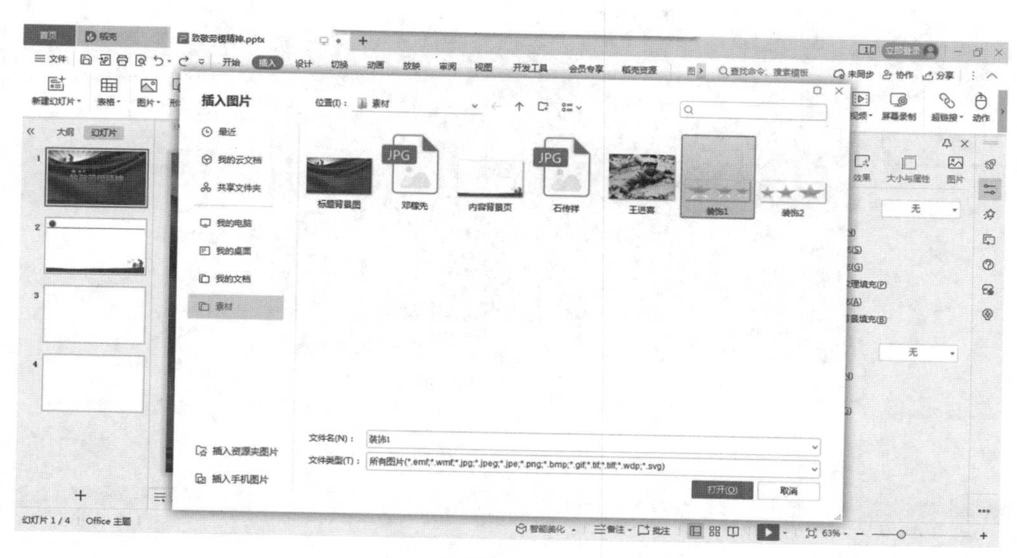

图3-52

步骤4　选中刚插入的装饰图，按住鼠标左键拖动光标，把装饰图放到“致敬”二字上面，调整装饰图大小，如图3-53所示。

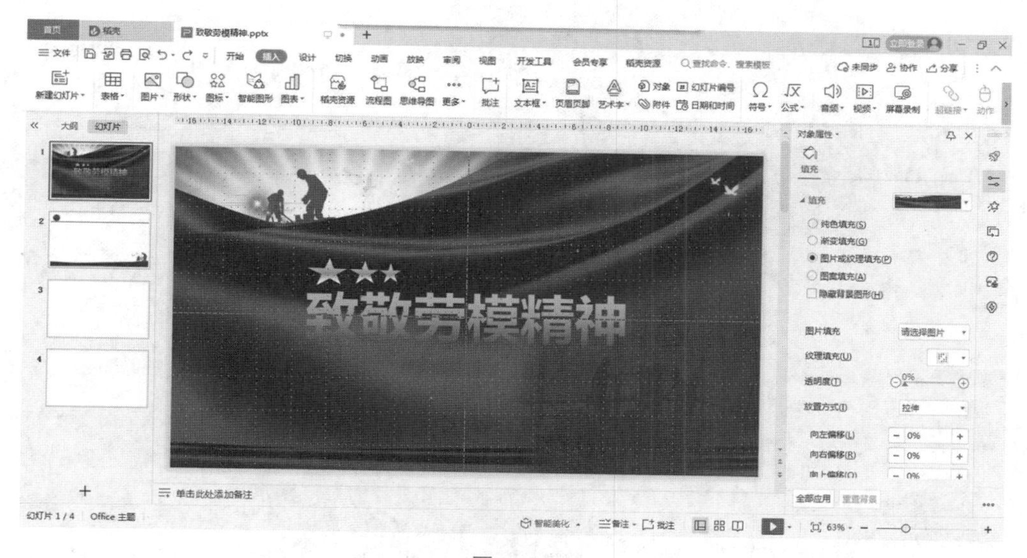

图3-53

步骤5　重复步骤3的操作，把“装饰2.png”放到“精神”二字上面，并调整装饰图的大小和位置，如图3-54所示。

步骤6　依次点击【插入】→【艺术字】，选择“填充-橙色，着色4，软边缘”，在页面合适位置单击鼠标左键，输入文字“劳动最光荣”，如图3-55所示。

步骤7　单击艺术字边框，选择字体“华文楷体”，字号大小设置为“40”，文本填充选择“金色-暗橄榄绿渐变”，如图3-56所示。根据效果图调整标题位置。

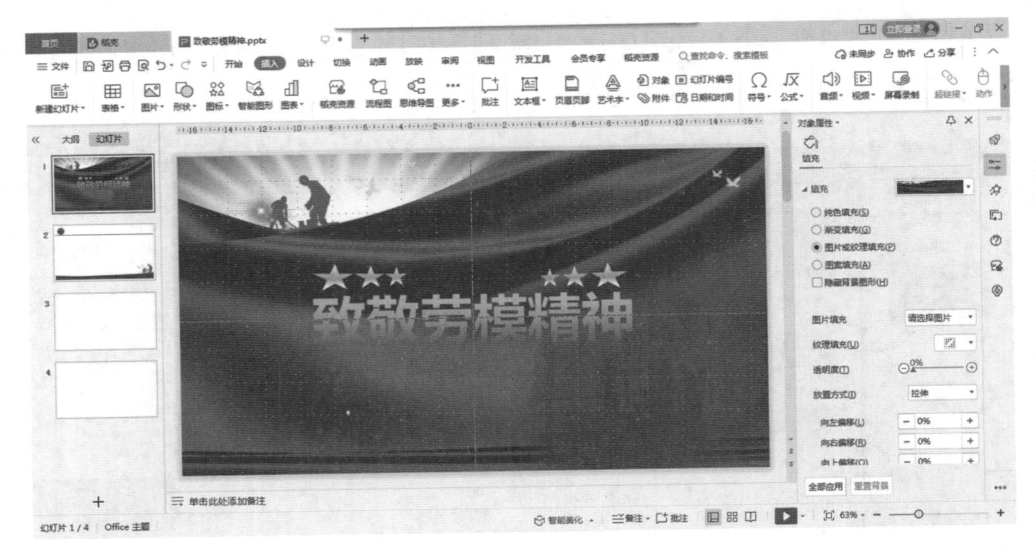

图 3–54

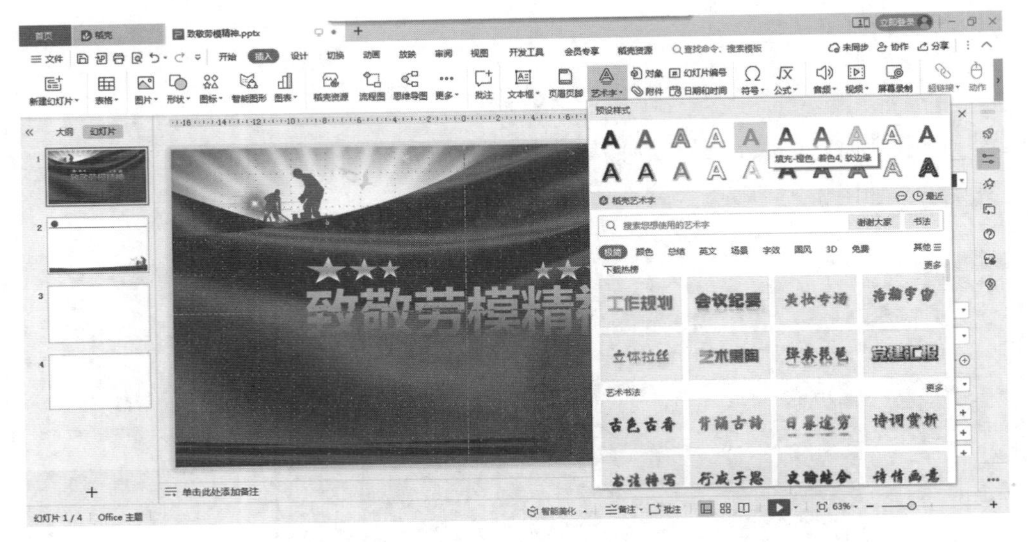

图 3–55

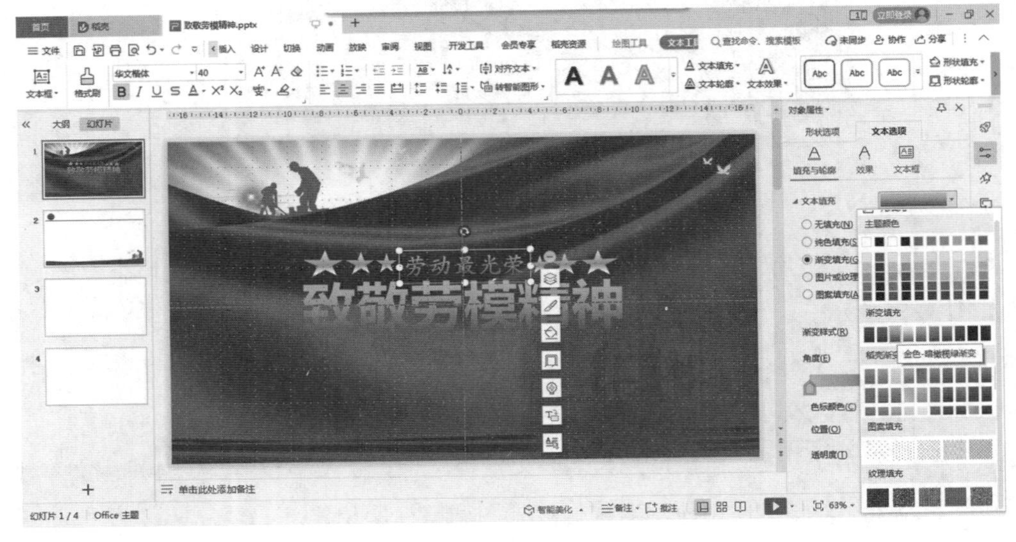

图 3–56

步骤8 依次点击【插入】→【文本框】→【横向文本框】，在页面右下角的位置，单击输入“汇报人：XXX”，如图3-57所示。

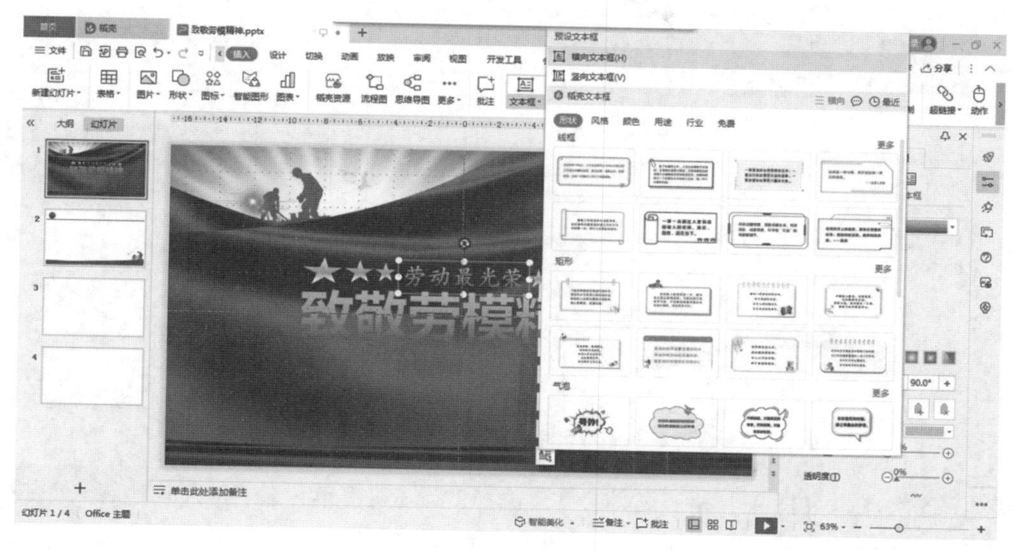

图3-57

步骤9 在“开始”选项卡中，设置字体为“华文楷体”，字号大小设置为24，颜色设置白色，如图3-58所示。

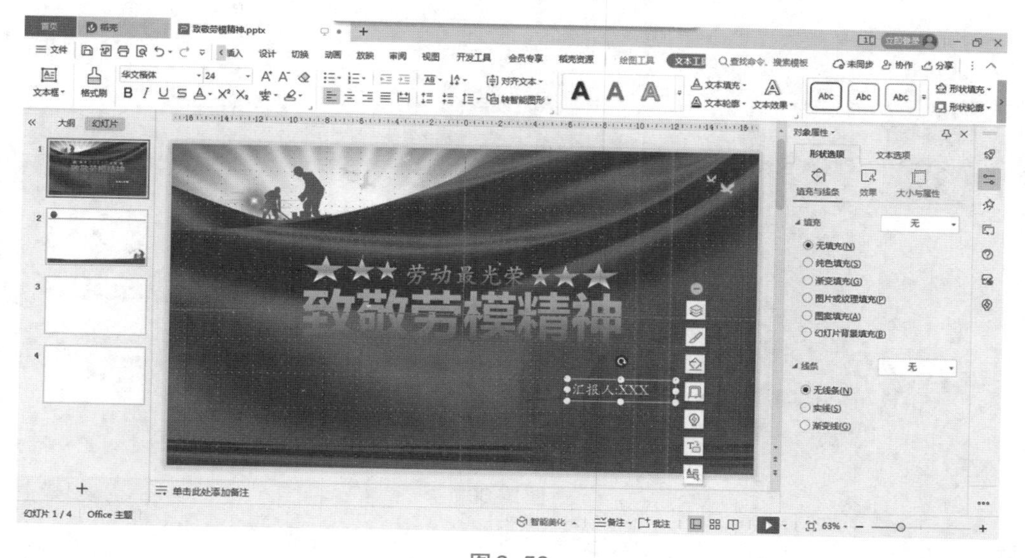

图3-58

任务三 制作栏目页

步骤1 选中第2张幻灯片，依次点击【开始】→【版式】→【母版版式】，选择标题页母版样式，如图3-59所示。

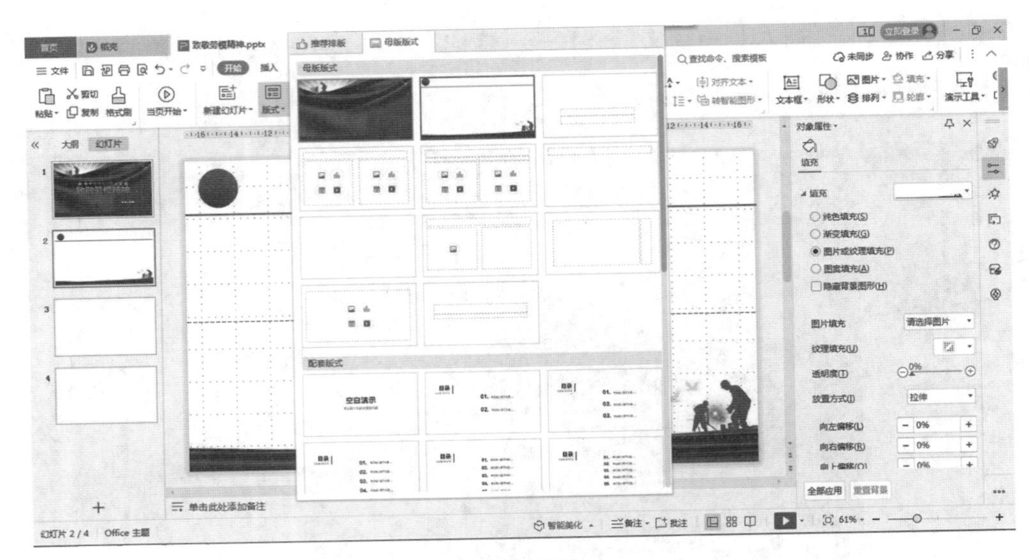

图3-59

步骤2 依次点击【插入】→【艺术字】，选择“填充-橙色，着色4，软边缘”。在页面合适位置单击鼠标左键，输入文字“目录”，调整“目录”二字的位置及二字的间隔，如图3-60所示。

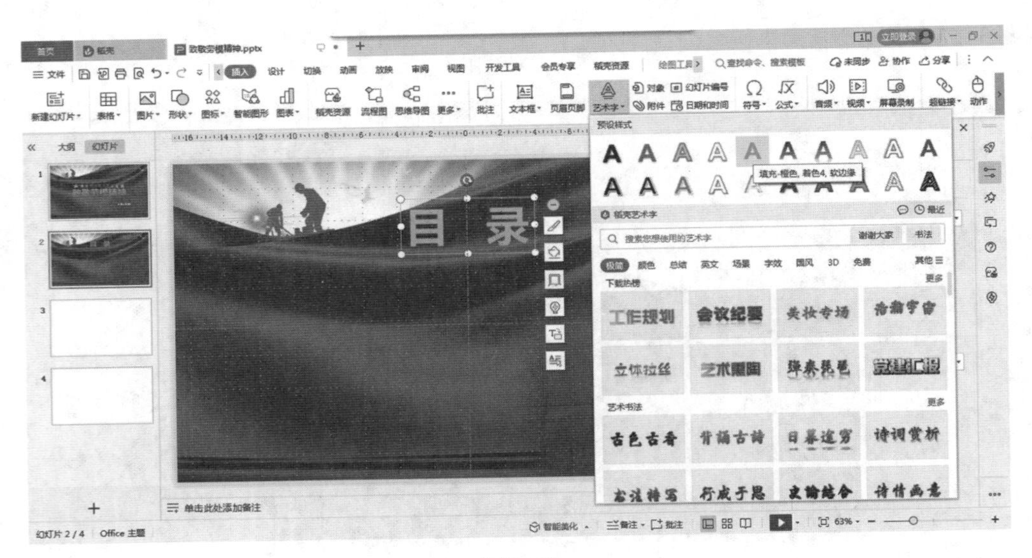

图3-60

步骤3 单击艺术字边框，选择字体“隶书”，字号大小设置为“66”，文本填充选择“金色-暗橄榄绿渐变”，如图3-61所示。

步骤4 依次点击【插入】→【文本框】→【横向文本框】，在“目录”二字下方单击左键即可新建一个横向文本框，如图3-62所示。

步骤5 依次点击【开始】→【项目符号】→【其他项目符号】，在弹出的“项目符号与编号”对话框中选择带填充效果的大圆形项目符号，颜色设置为橙色，大小设置为150%，如图3-63所示。

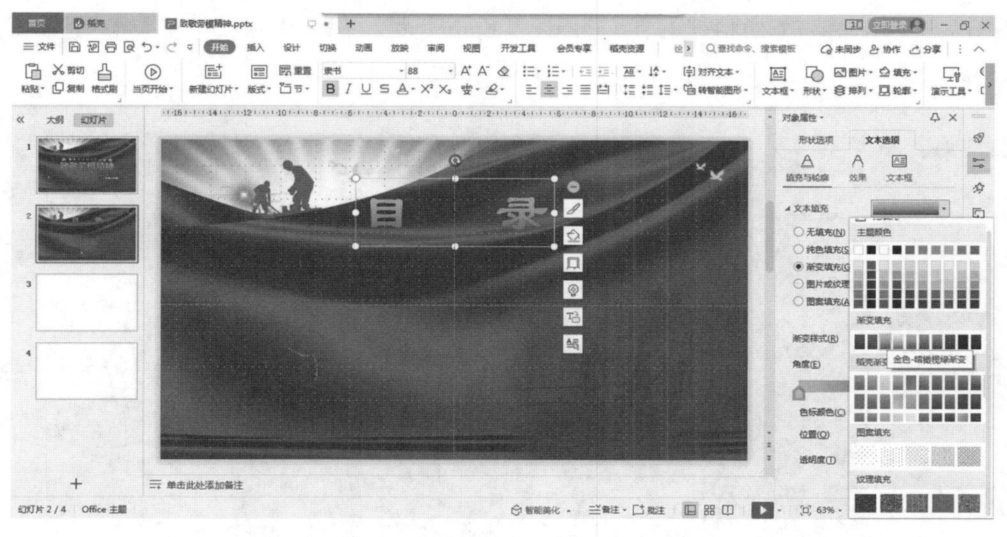

图3–61

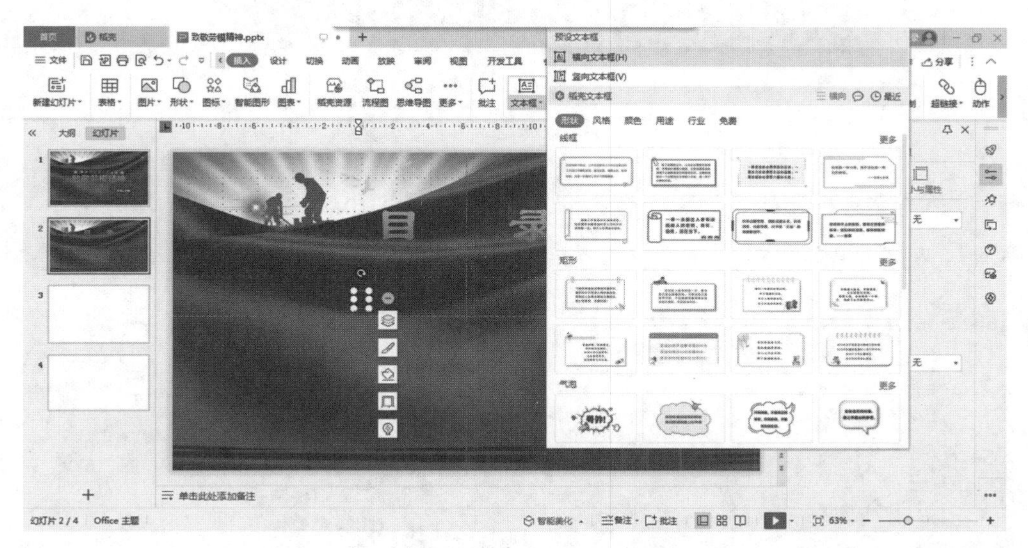

图3–62

图3–63

步骤6 输入文字“劳模精神的含义”，按【Enter】键；接着输入文字“致敬劳模”，按【Enter】键；然后输入文字“学习劳模精神”，如图3-64所示。

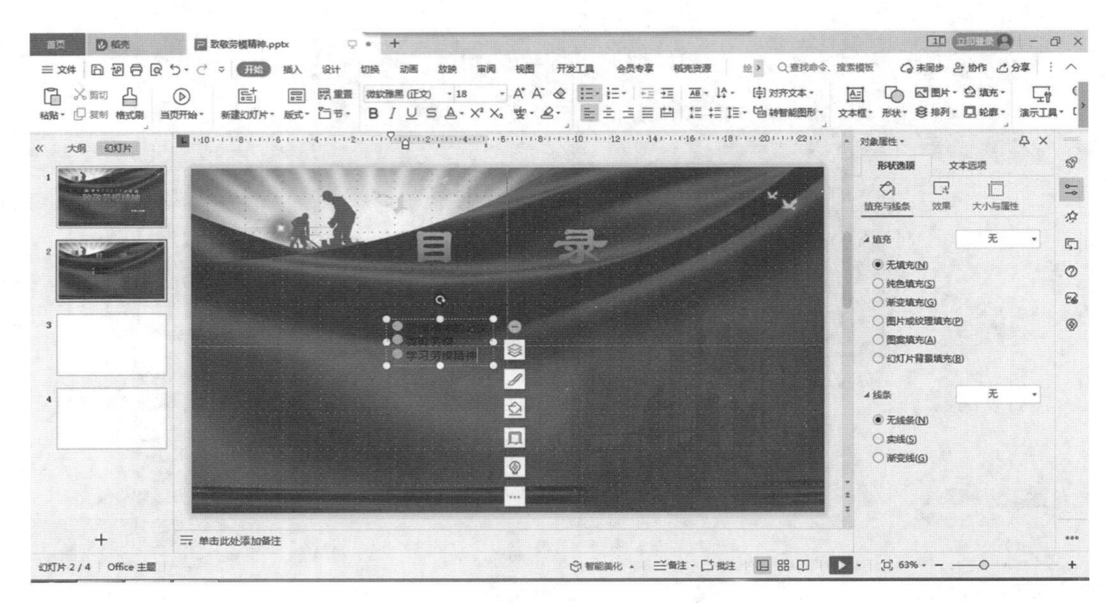

图3-64

步骤7 单击文本框边缘，设置字体为“隶书”，字号大小设置为“44”，填充选择“金色-暗橄榄绿渐变”，如图3-65所示。

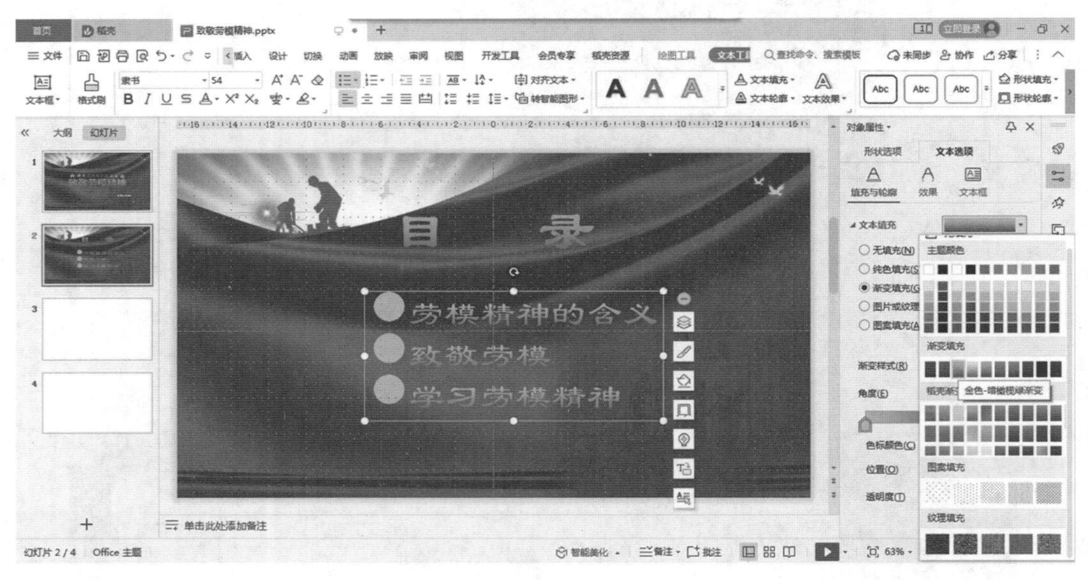

图3-65

步骤8 依次点击【开始】→【行距】，设置行距为“1.5”，调整文本框到合适位置，如图3-66所示。

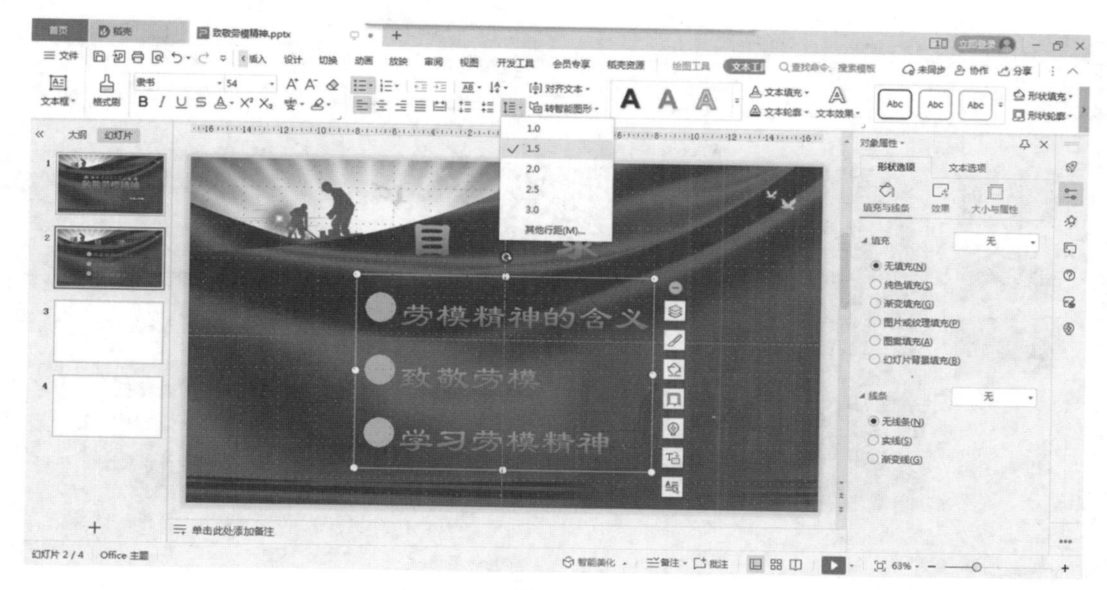

图3-66

制作过渡页

任务四　制作过渡页

步骤1　选中第3张幻灯片，依次点击【开始】→【版式】→【母版版式】，选择标题页母版样式，如图3-67所示。

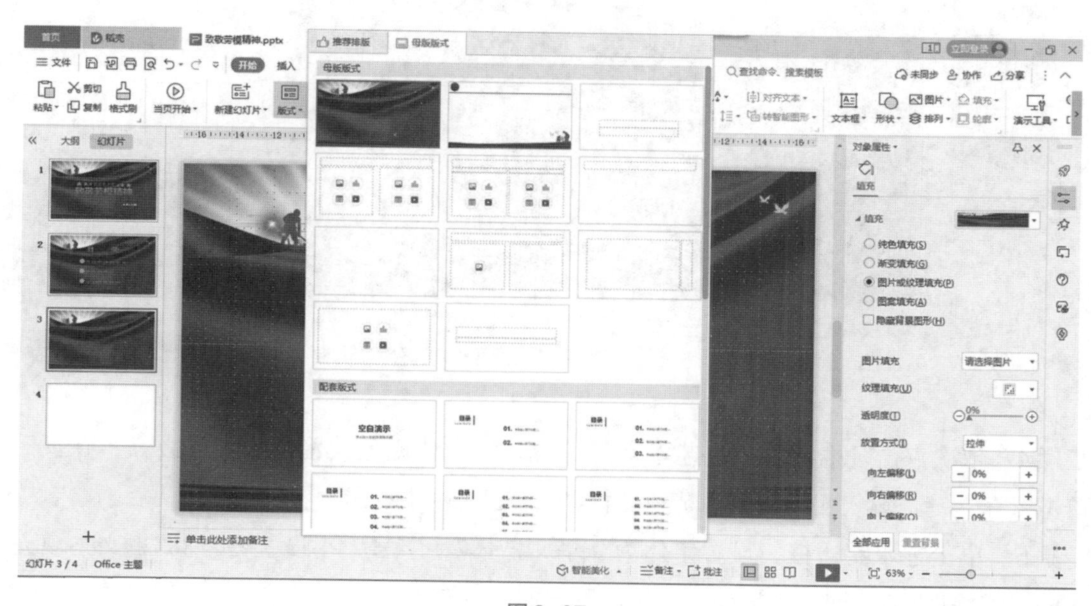

图3-67

步骤2　依次点击【插入】→【艺术字】，选择“填充-橙色，着色4，软边缘”，在页面合适位置单击鼠标左键，输入文字 “第一部分”，如图3-68所示。

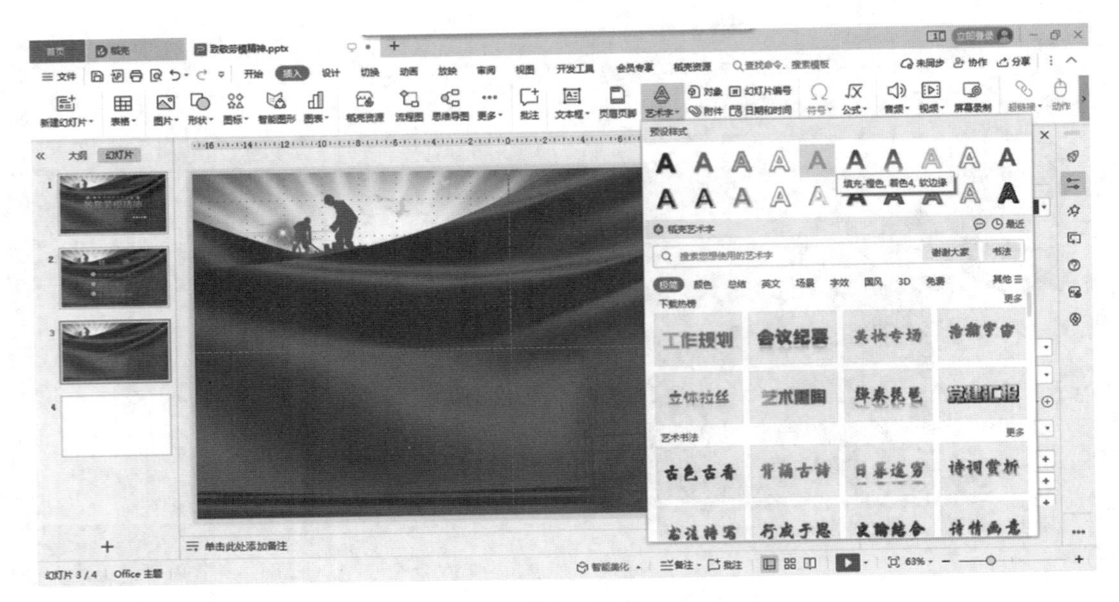

图3-68

步骤3 单击艺术字边框，设置字体为“隶书”，字号大小设置为“72”，文本填充选择“金色-暗橄榄绿渐变”，调整文本框到合适位置，如图3-69所示。

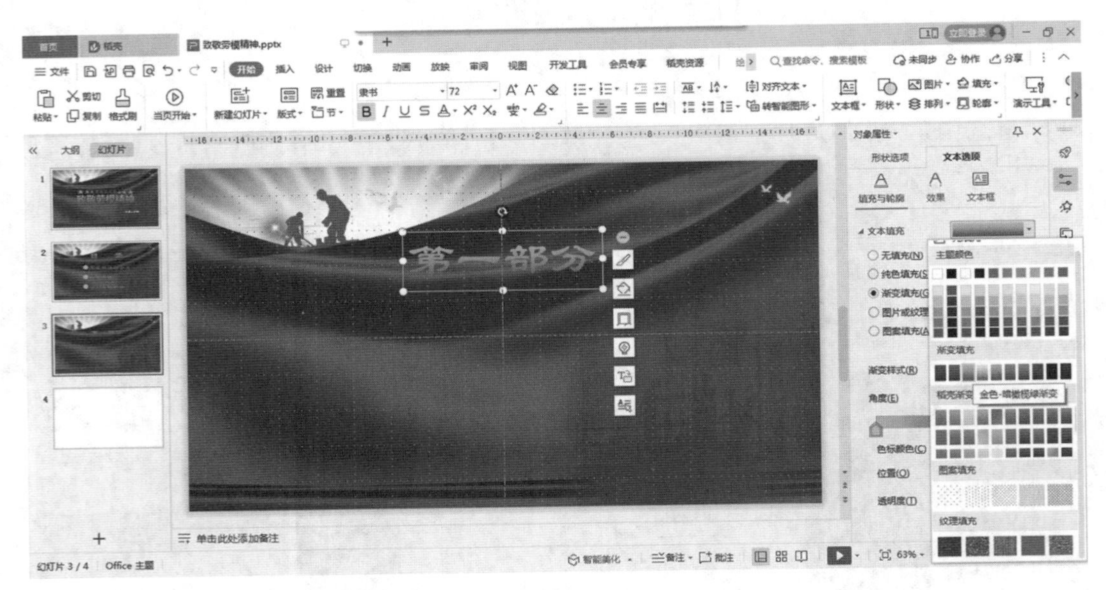

图3-69

步骤4 依次点击【插入】→【艺术字】，选择“填充-橙色，着色4，软边缘”，在页面合适位置单击鼠标左键，输入文字“劳模精神的含义”，如图3-70所示。

步骤5 单击艺术字边框，设置字体为“华文楷体”，字号大小设置为“88”；文本填充选择“金色-暗橄榄绿渐变”，调整文本框到合适位置，如图3-71所示。

步骤6 在导航栏窗格中单击选中已做好的过渡页，按【Ctrl+C】键复制，按【Ctrl+V】键粘贴到已做好的过渡页后，如图3-72所示。

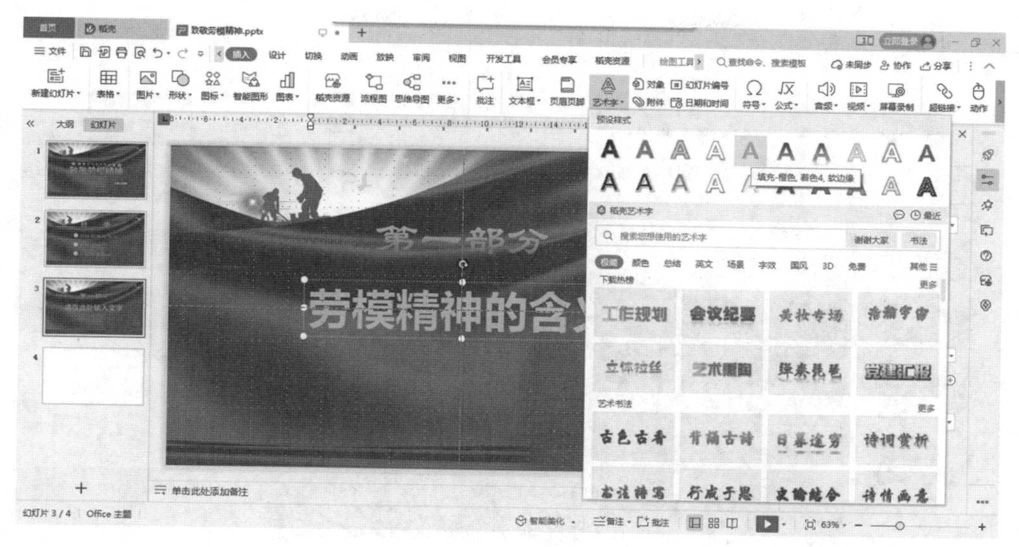

图 3-70

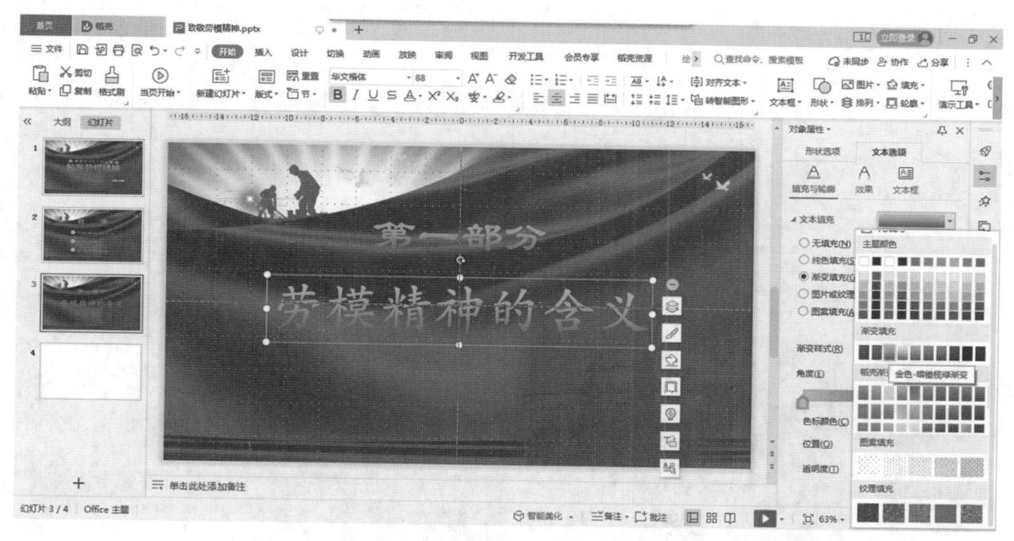

图 3-71

图 3-72

步骤7 更改文本框内文字为“第二部分”和“致敬劳模”，如图3-73所示。

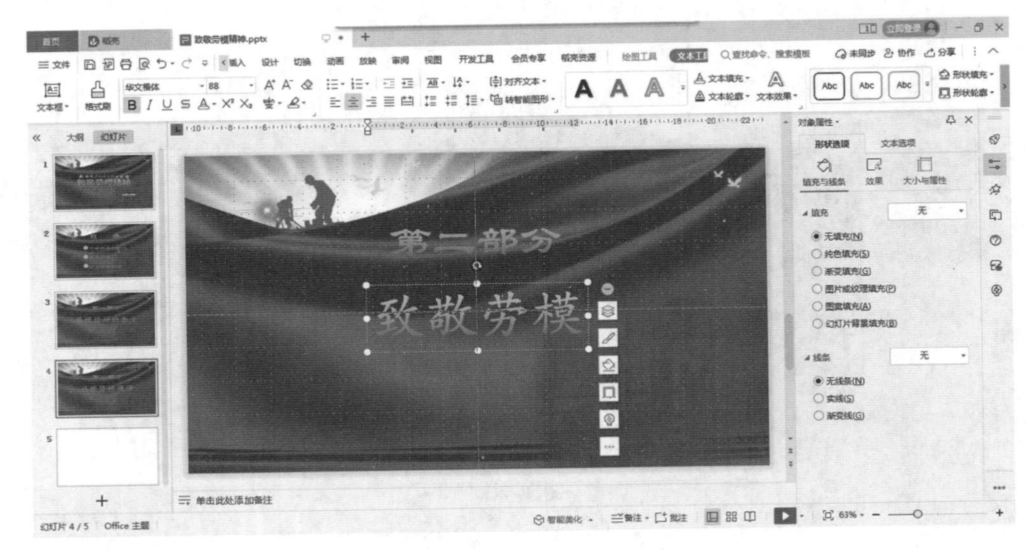

图3-73

步骤8 重复步骤6和步骤7，把文本框内文字更改为“第三部分”和“学习劳模精神”，如图3-74所示。

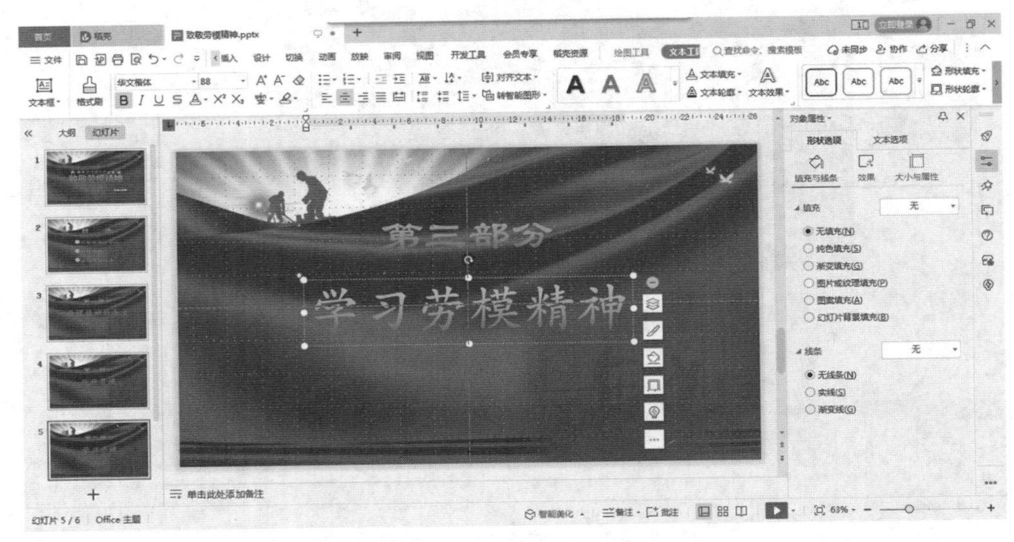

图3-74

任务五　制作内容页1

步骤1 选中导航栏窗格中第6张幻灯片，依次点击【开始】→【版式】→【母版版式】，选择内容页母版样式，如图3-75所示。

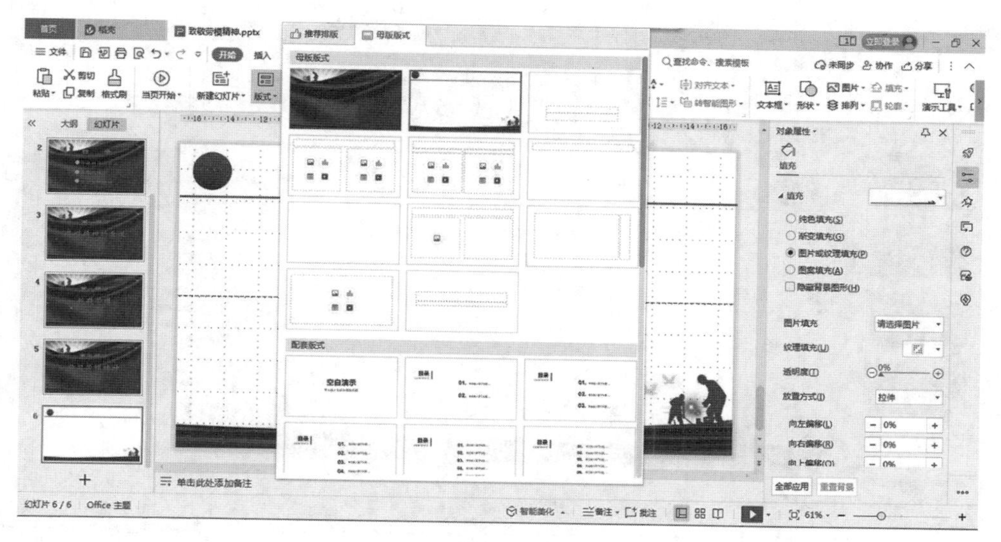

图3-75

步骤2 依次点击【插入】→【文本框】→【横向文本框】，在幻灯片左上角的圆上单击即可新建一个横向文本框，输入数字“1”，如图3-76所示。

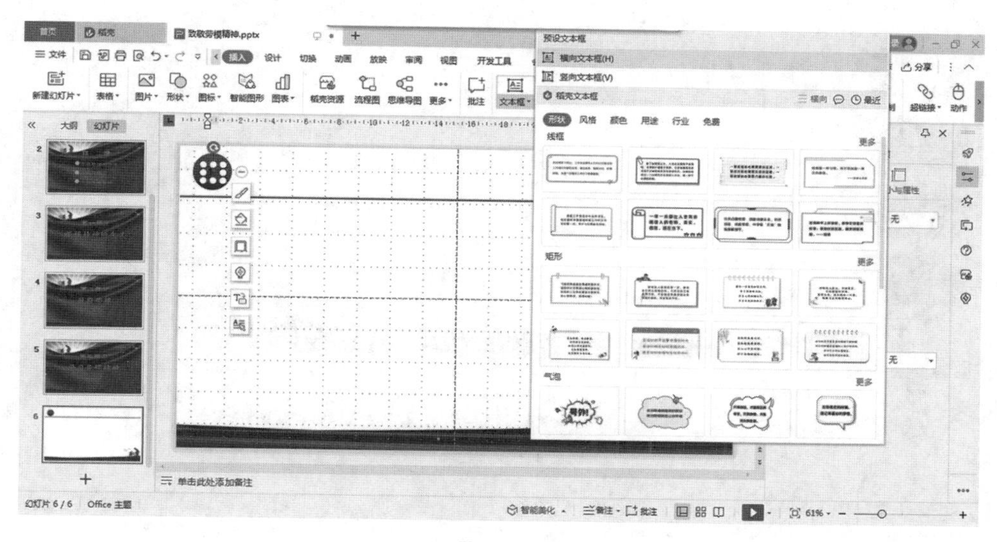

图3-76

步骤3 单击文本框，设置字体为“隶书”，字号大小设置为“40”，颜色设置为白色，调整文本框到合适的位置，如图3-77所示。

步骤4 依次点击【插入】→【文本框】→【横向文本框】，在红色水平线上单击，输入文字“劳模精神的含义”，设置字体为“宋体”，字号大小设置为“28”，颜色设置为红色，加粗显示，调整文本框到合适位置，如图3-78所示。

步骤5 依次点击【插入】→【文本框】→【竖向文本框】，在页面左侧合适的位置单击即可新建一个竖向文本框。鼠标左键双击文本框，调出文本框的“对象属性”面板，文本框线条选择渐变线，线条类型选择系统点线，渐变颜色选择“橙红色-褐色渐变”，线条宽度设置为4.5磅，其他相关参数设置如图3-79所示。此外，也可以单击文本框，点击【形状轮廓】按钮，在渐变中选择“橙红色-褐色渐变”、线型选择4.5磅、虚线线型选择圆点，如图3-80所示。

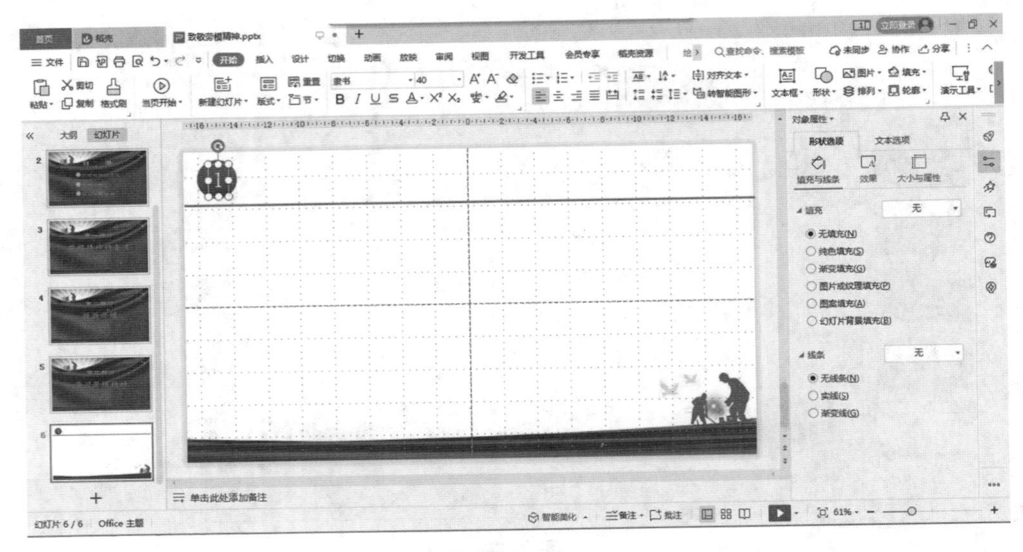

图 3-77

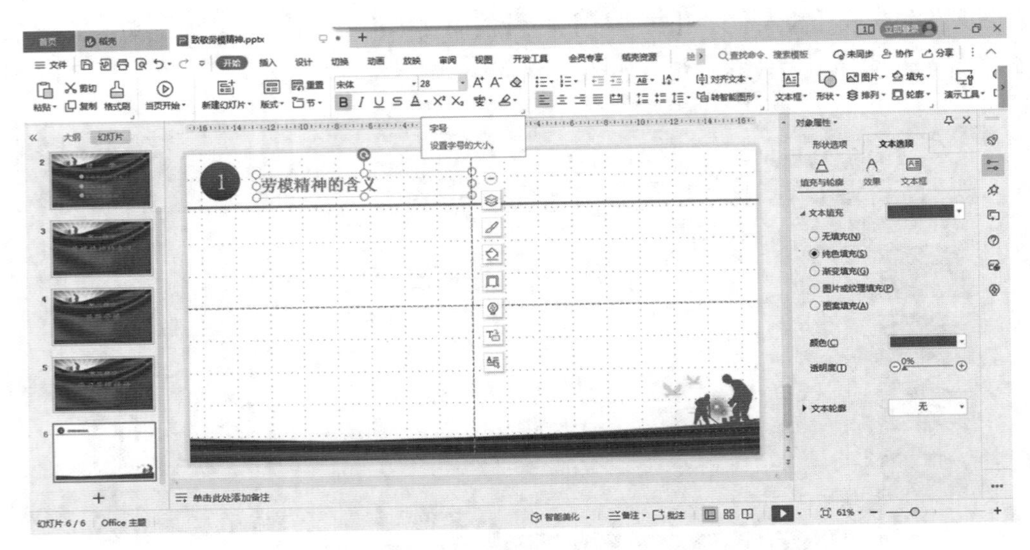

图 3-78

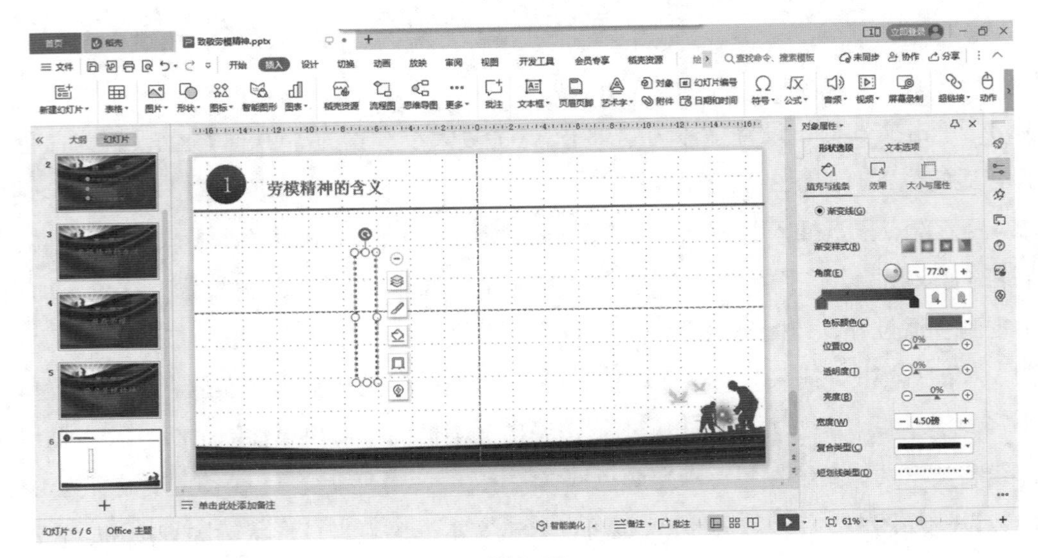

图 3-79

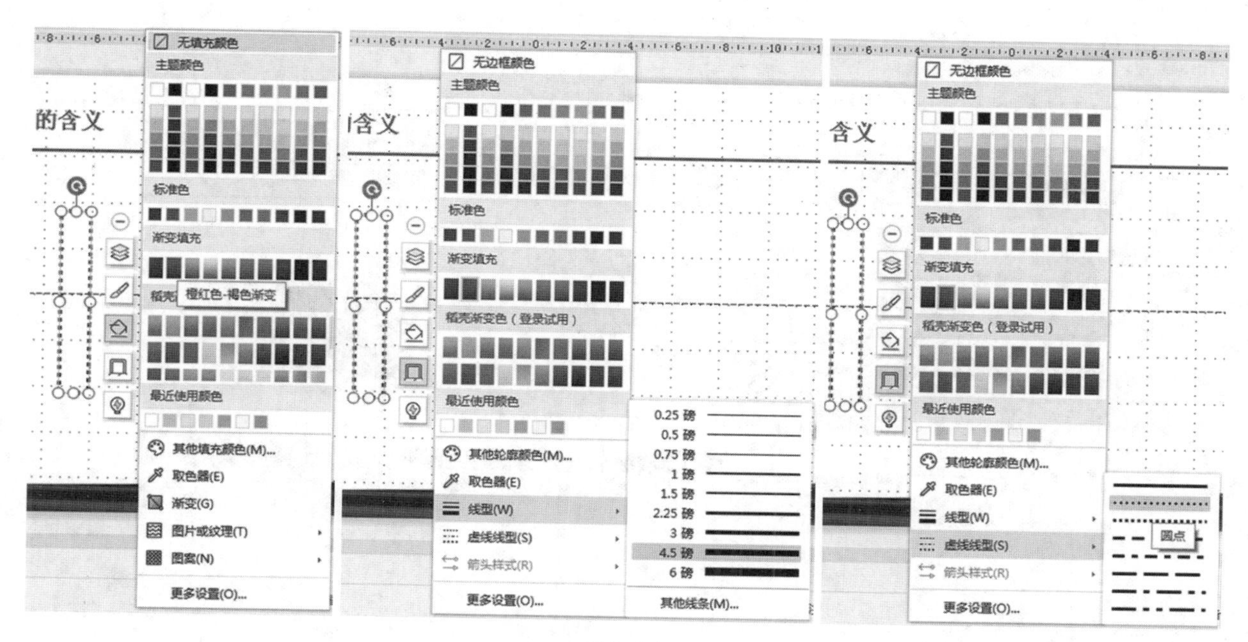

图3-80

步骤6　依次点击【文件】→【打开】，选择素材文件夹下的“致敬劳模精神文字素材.docx”，打开该素材文档，复制文字“劳模精神：‘爱岗敬业、争创一流、艰苦奋斗、勇于创新、淡泊名利、甘于奉献’的劳动模范的精神。”粘贴到文本框内，调整字体为“华文楷体”，字号设置为“36”，调整文本框大小和位置，如图3-81所示。

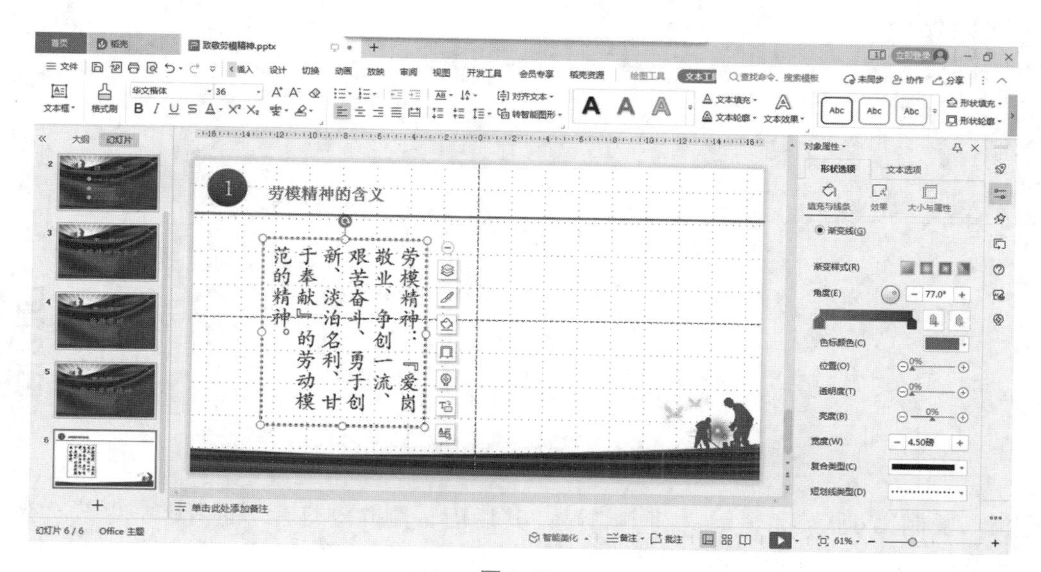

图3-81

步骤7　依次点击【插入】→【图片】→【本地图片】，选择素材文件夹下的“石传祥.jpg”，把该图片拖曳到合适的地方，然后调整图片尺寸，如图3-82所示。

步骤8　双击图片，调出该图片的“对象属性”面板，依次点击【阴影】→【外部】→【右上斜偏移】，颜色设置为银灰色，透明度设置为50%，距离设置为10磅；倒影选择“紧密倒影，接触”，大小设置为10%，距离设置为0磅，其他相关参数设置如图3-83所示。

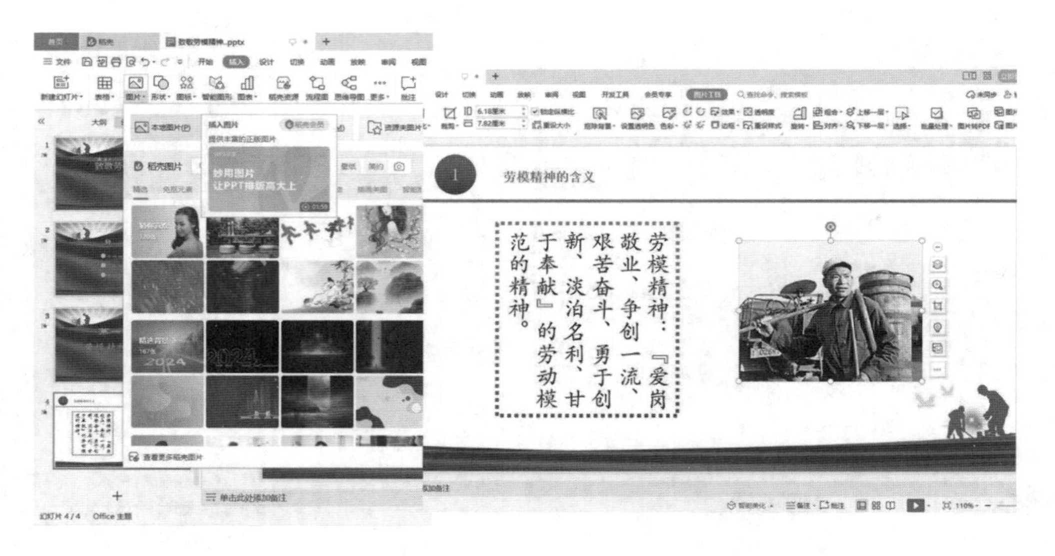

图3-82

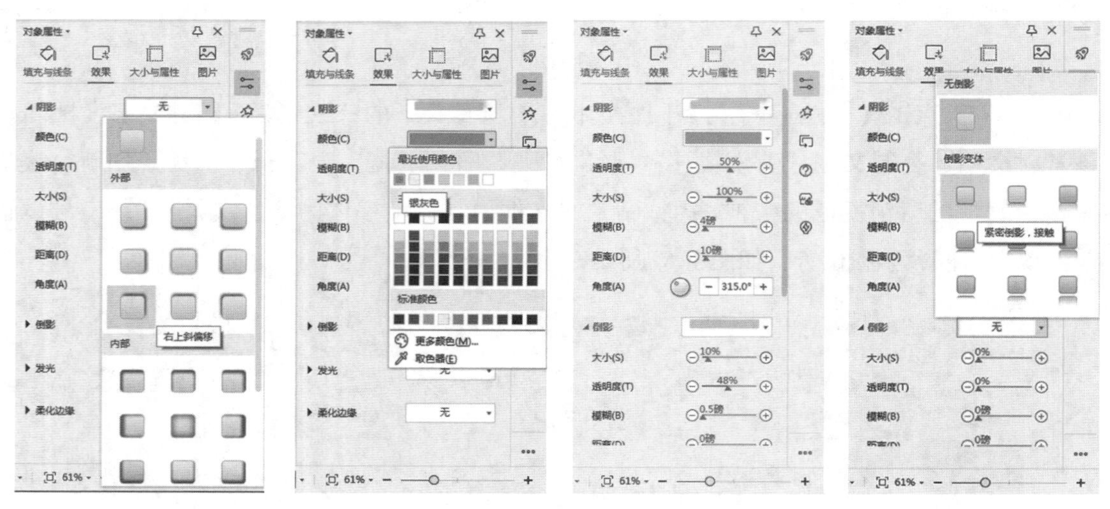

图3-83

任务六　制作内容页2

制作内容页

步骤1　复制第6张幻灯片，并将其粘贴在其后面，删除幻灯片7的内容，更改页头文字为“2”和“致敬劳模”，如图3-84所示。

步骤2　依次点击【插入】→【形状】，选择“同侧圆角矩形”，并在页面合适位置绘制同侧圆角矩形，如图3-85所示。

步骤3　鼠标双击绘制的同侧圆角矩形，调出该同侧圆角矩形的“对象属性”面板，线条类型设置为实线，颜色设置为暗石板灰；阴影效果选择向下偏移，颜色设置为银灰色，调整大小和位置，其他相关参数设置如图3-86所示。

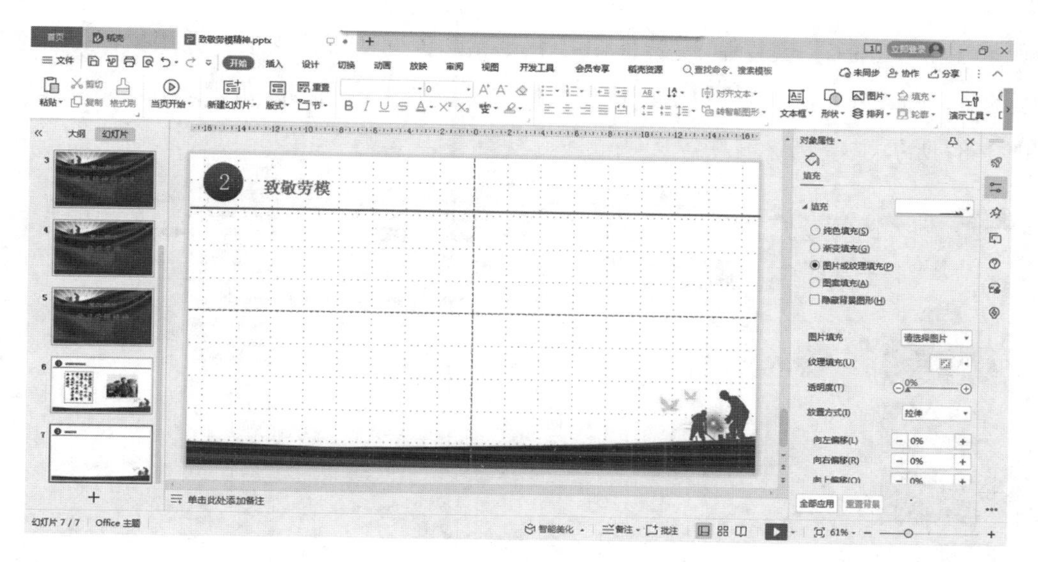

图 3–84

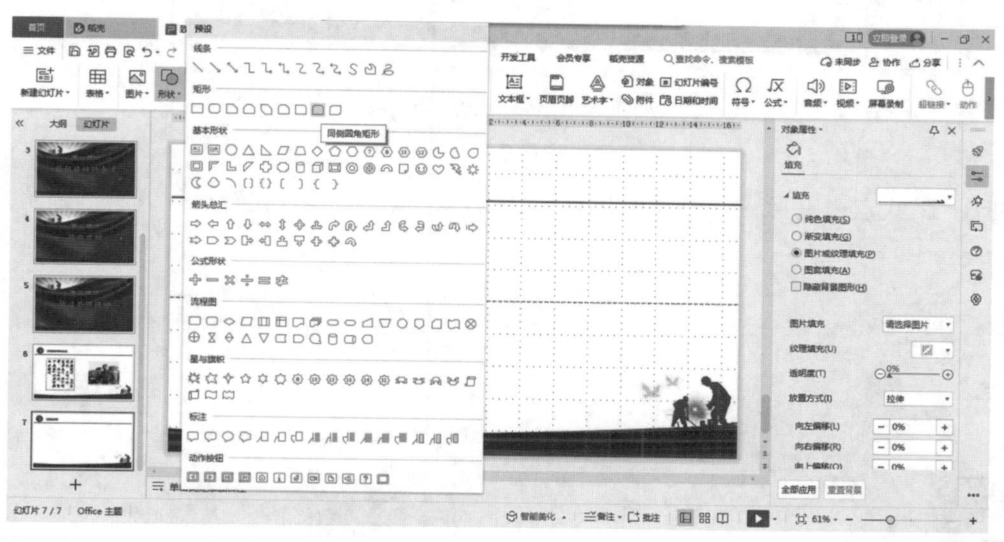

图 3–85

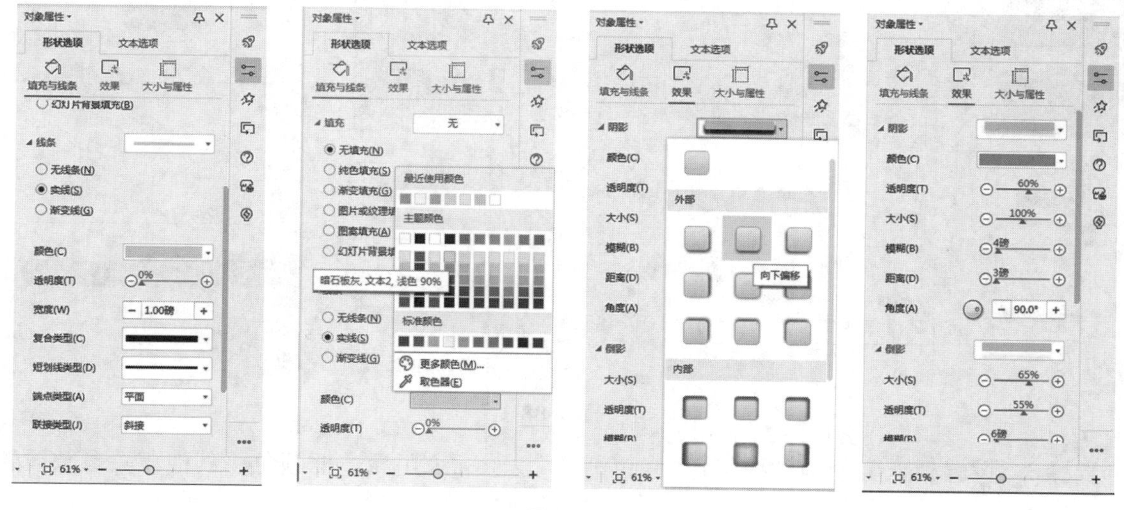

图 3–86

步骤4 按【Ctrl+C】键复制、按【Ctrl+V】键粘贴该同侧圆角矩形，并用鼠标将其拖曳到页面右侧。鼠标光标移动到旋转按钮上，按住鼠标左键不放，将同侧圆角矩形旋转180°，调整其位置，如图3-87所示。

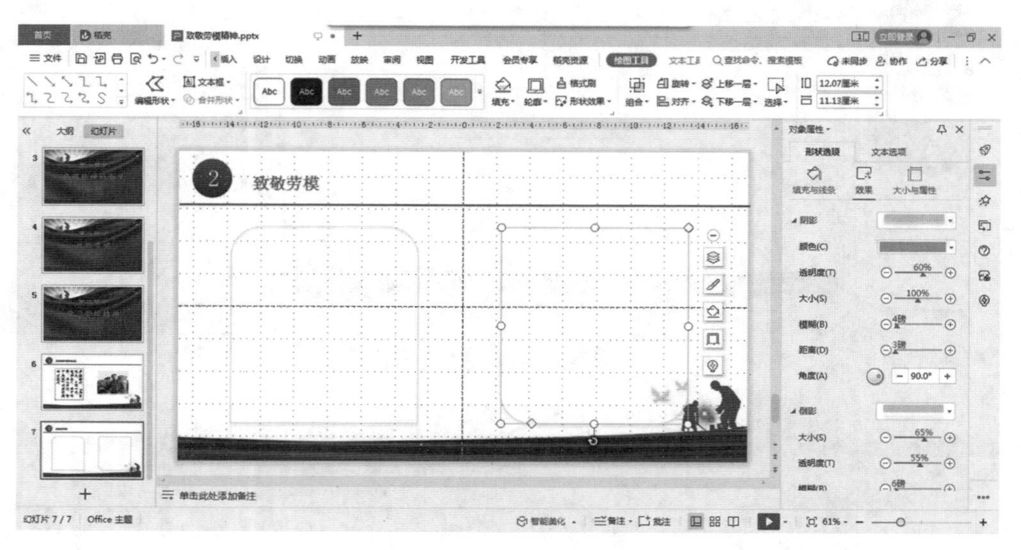

图3-87

步骤5 依次点击【插入】→【形状】，选择“圆角矩形”，并在合适位置绘制圆角矩形，如图3-88所示。

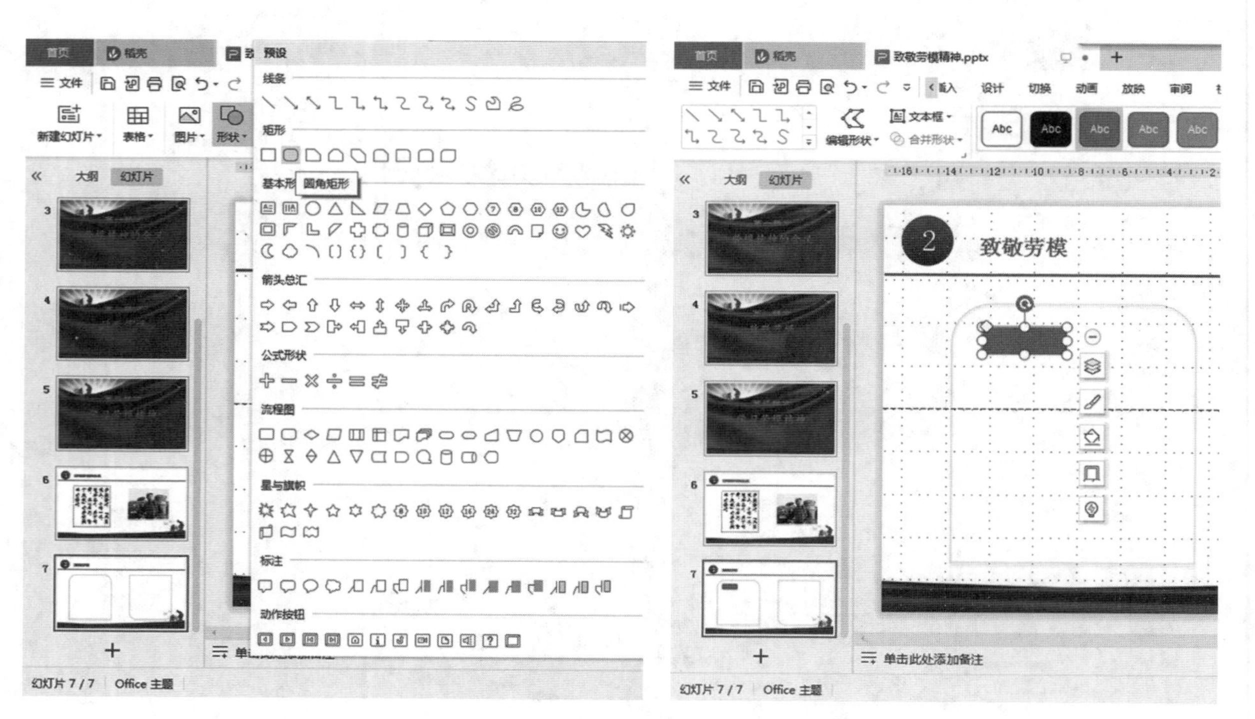

图3-88

步骤6 设置填充类型为“橙红色-褐色渐变”，轮廓采用无边框颜色，其他相关参数设置如图3-89所示。

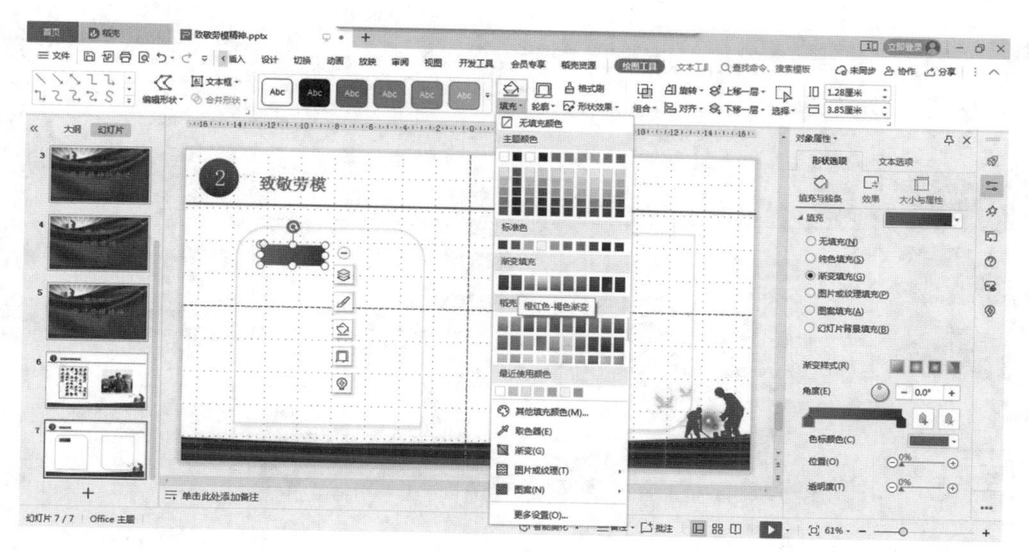

图3–89

步骤7　输入文字“邓稼先”，字体设置为“微软雅黑”，字号大小设置为“18”，颜色设置为“白色”，加粗显示。复制此图形到另一个同侧圆角矩形中，将文字更改为“王进喜”，调整两个图形到合适的位置，如图3–90所示。

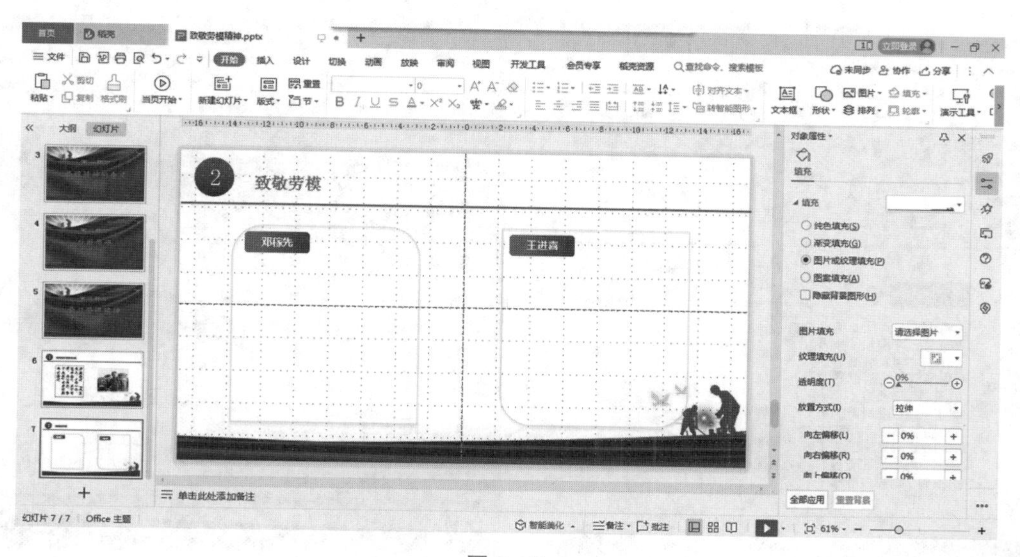

图3–90

步骤8　打开文字素材文档，按【Ctrl+C】键复制“中国科学院院士，著名核物理学家，中国核武器研制工作的开拓者和奠基者，为中国核武器、原子武器的研发做出了重要贡献。邓稼先始终在中国武器制造的第一线，领导了许多学者和技术人员成功地设计了中国原子弹和氢弹，把中国国防自卫武器引领到了世界先进水平。”双击左边同侧圆角矩形内部，按【Ctrl+V】键粘贴文本到文本框内。调整字体为“微软雅黑”，字号大小设置为“20”，调整文本框大小和位置，如图3–91所示。

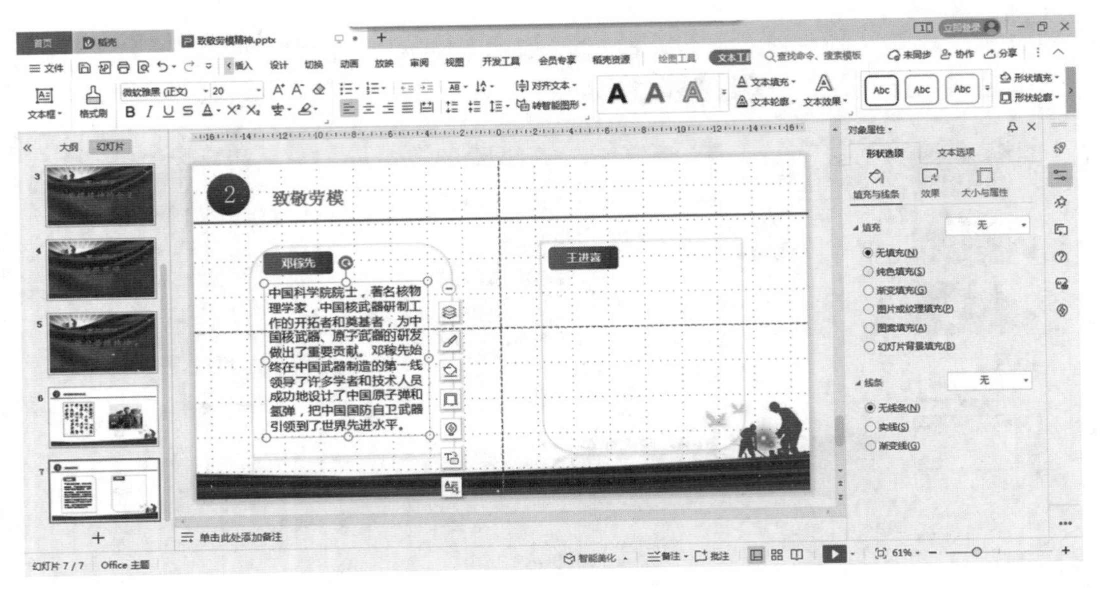

图3-91

步骤9 选中文本框，点击鼠标右键，选择“段落”，在弹出的“段落”对话框中，设置首行缩进为2个字符，行距设置为单倍行距，如图3-92所示。

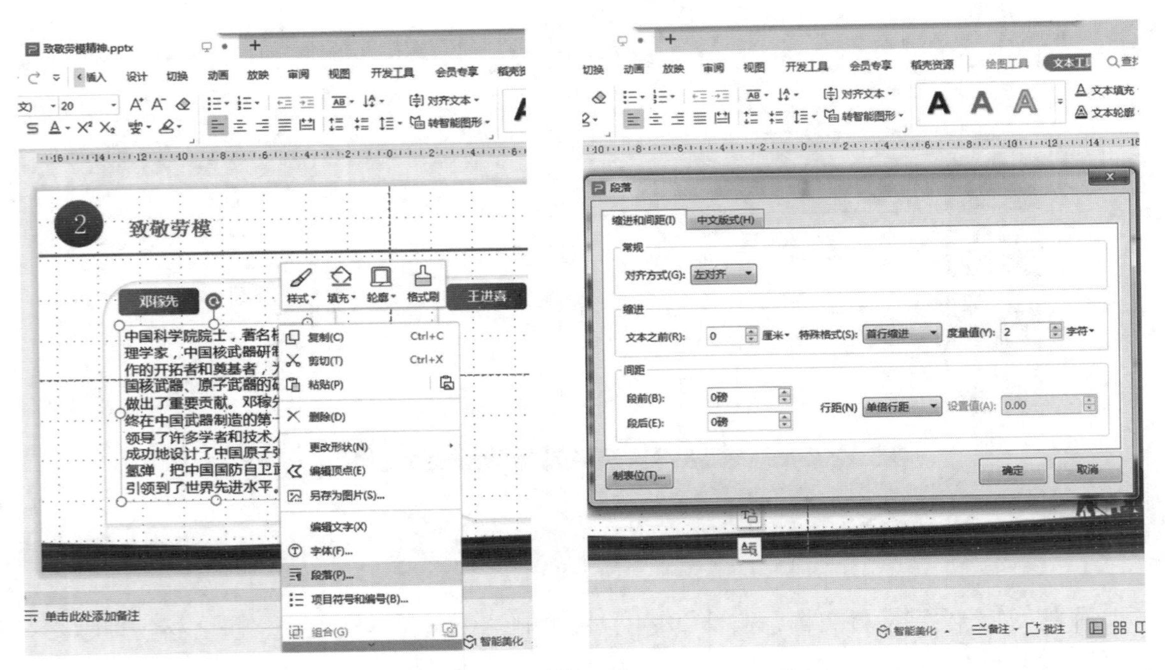

图3-92

步骤10 打开文字素材文档，按【Ctrl+C】键复制“中国石油工人，中国石油工人的光辉典范，他为祖国石油工业的发展和社会主义建设立下了不朽的功勋，劳模典范。王进喜干工作处处从国家利益着想，他重视调查研究，依靠群众加速油田建设，艰苦奋斗，勤俭办企业，建立责任制，他留下的‘铁人精神’和‘大庆经验’，成为我国进行社会主义建设的宝贵财富。”双击右边同侧圆角矩形内部，按【Ctrl+V】键粘贴文本到文本框内。调整字体为“微软雅黑”，字号大小设置为“20”，同时调整文本框大小和位置，如图3-93所示。

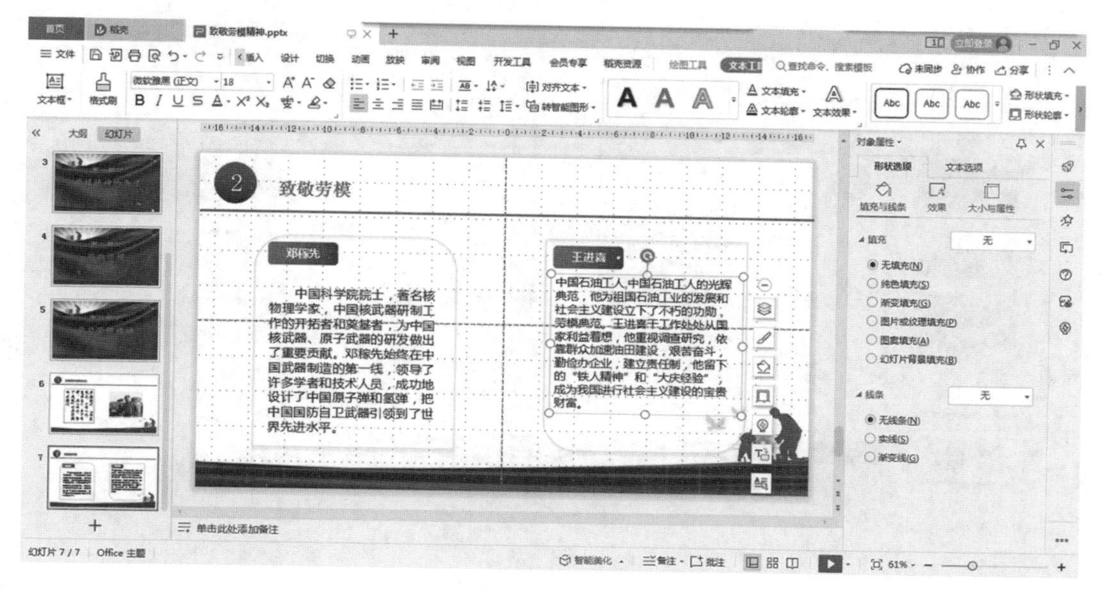

图3–93

步骤11　重复步骤9的操作，设置段落格式，同时调整文本框大小和位置，如图3–94所示。

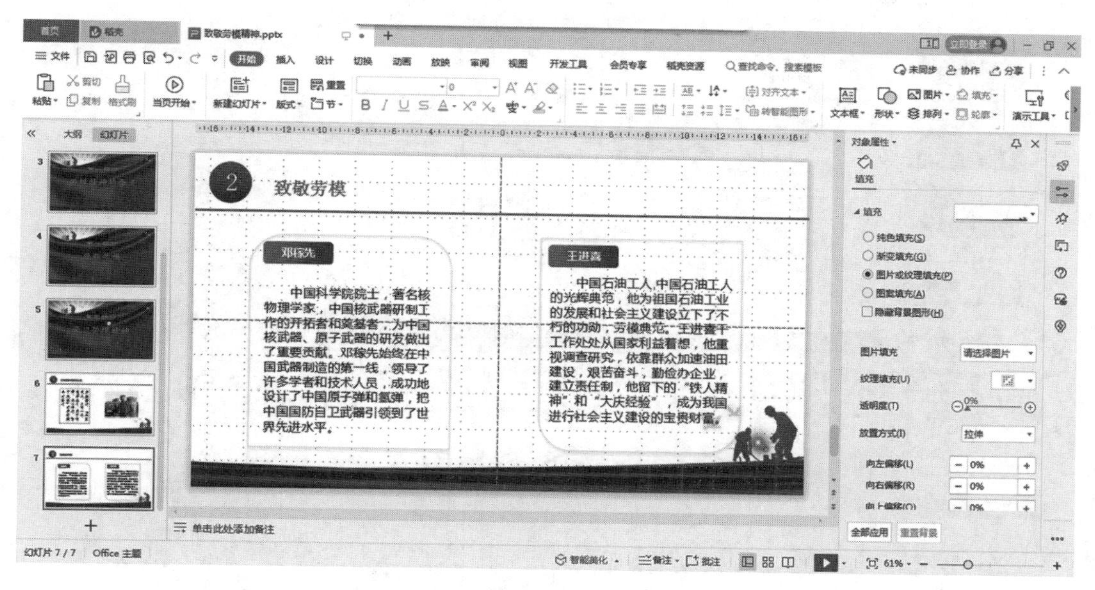

图3–94

步骤12　依次点击【插入】→【图片】→【本地图片】，选择素材文件夹下的“邓稼先.jpg”，将该图片拖曳到其名字的右边。鼠标右键单击图片，点击【裁选图片】→【基本形状】→【椭圆】，调整椭圆大小，调整图片位置，如图3–95所示。

步骤13　鼠标右键单击图片，点击【叠放次序】→【下移一层】，如图3–96所示。

步骤14　按照步骤12和步骤13的操作，完成王进喜的文字图片资料的编辑，最终效果如图3–97所示。

图3-95

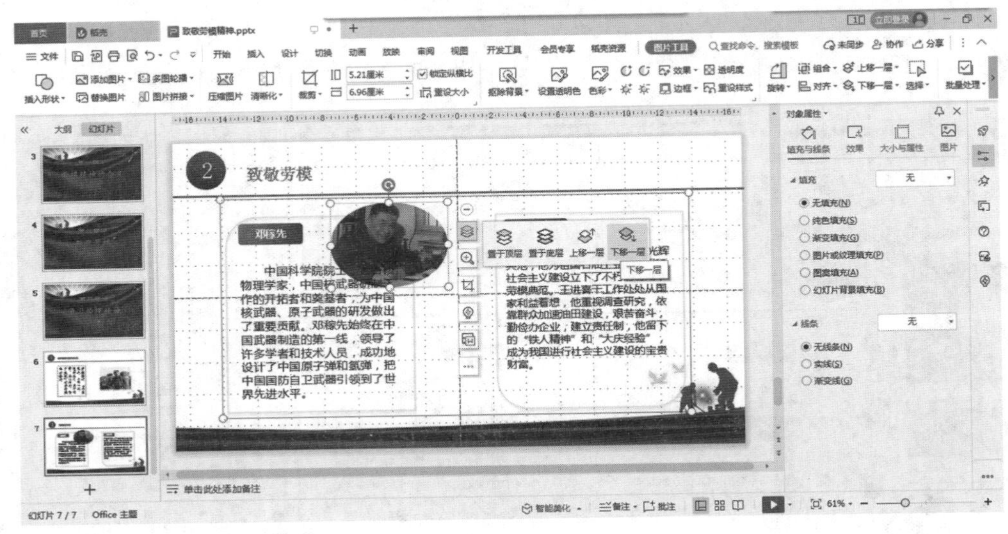

图3-96

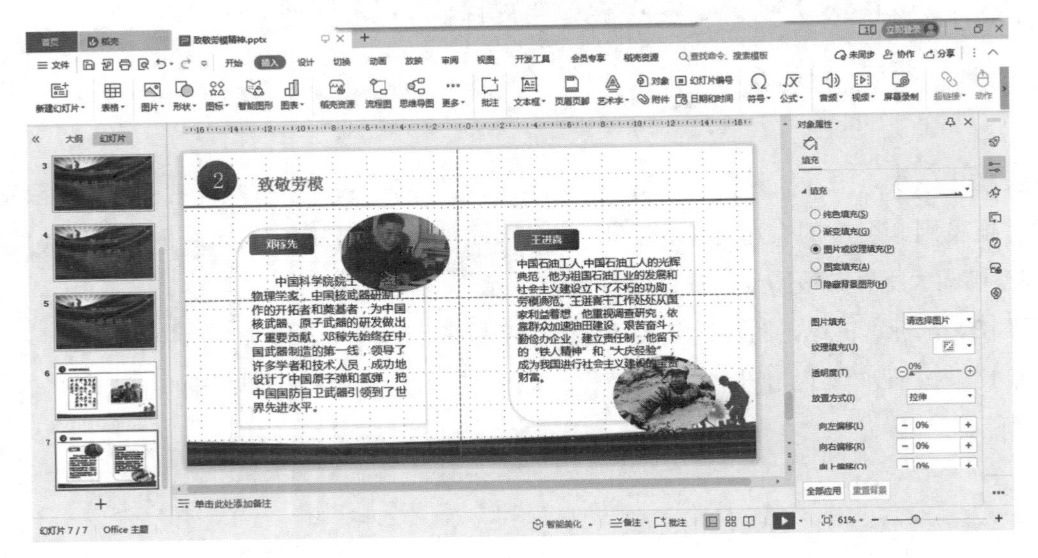

图3-97

任务七　制作内容页和结束页

步骤1　在导航栏窗格中，按【Ctrl+C】键复制第7张幻灯片，按【Ctrl+V】键将其粘贴到第7张幻灯片的后面，然后删除第8张幻灯片的内容，更改页头文字为“3”和“学习劳模精神”，如图3–98所示。

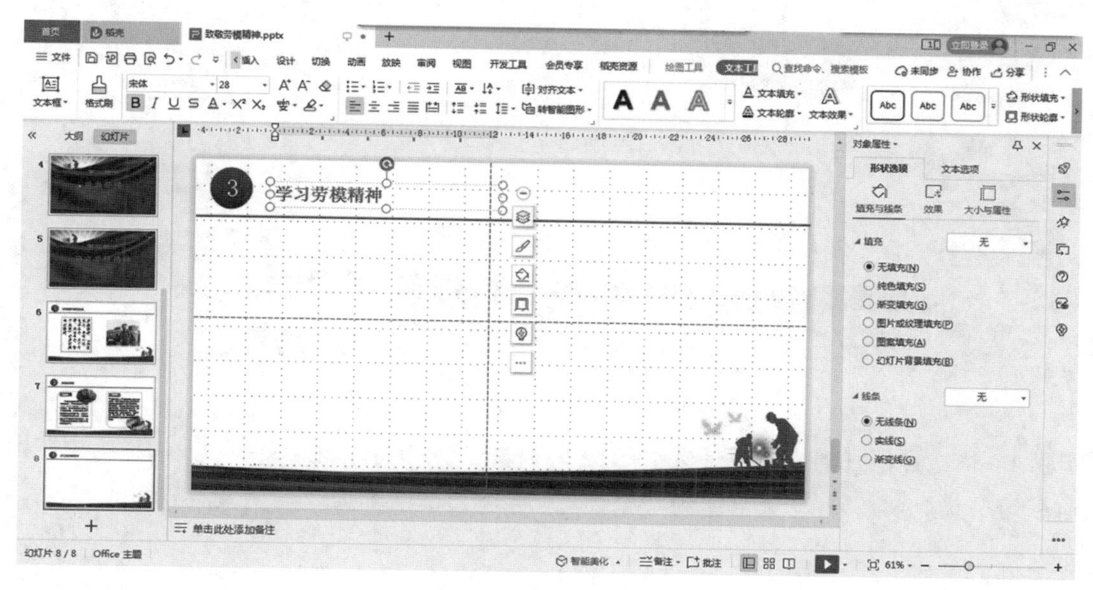

图3–98

步骤2　依次点击【插入】→【形状】，选择“流程图：资料带”，如图3–99所示。

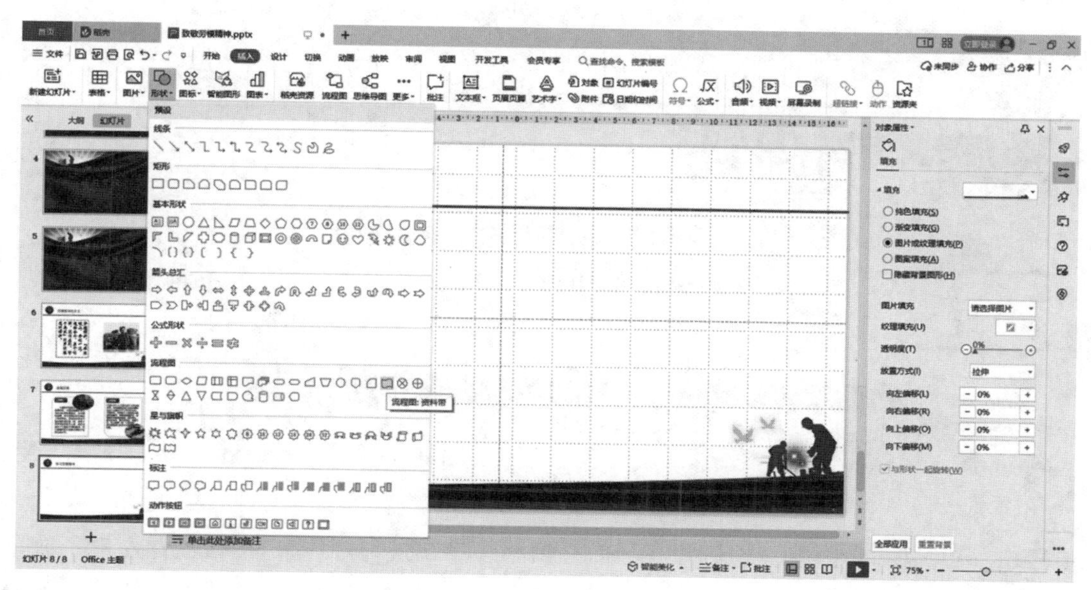

图3–99

步骤3 在页面合适位置绘制图形，形状填充选择“橙红色-褐色渐变”，形状轮廓设置为无边框颜色，输入文字“讨论”，设置字体为“隶书”，字号大小设置为“66”，颜色设置为“白色”，如图3-100所示。

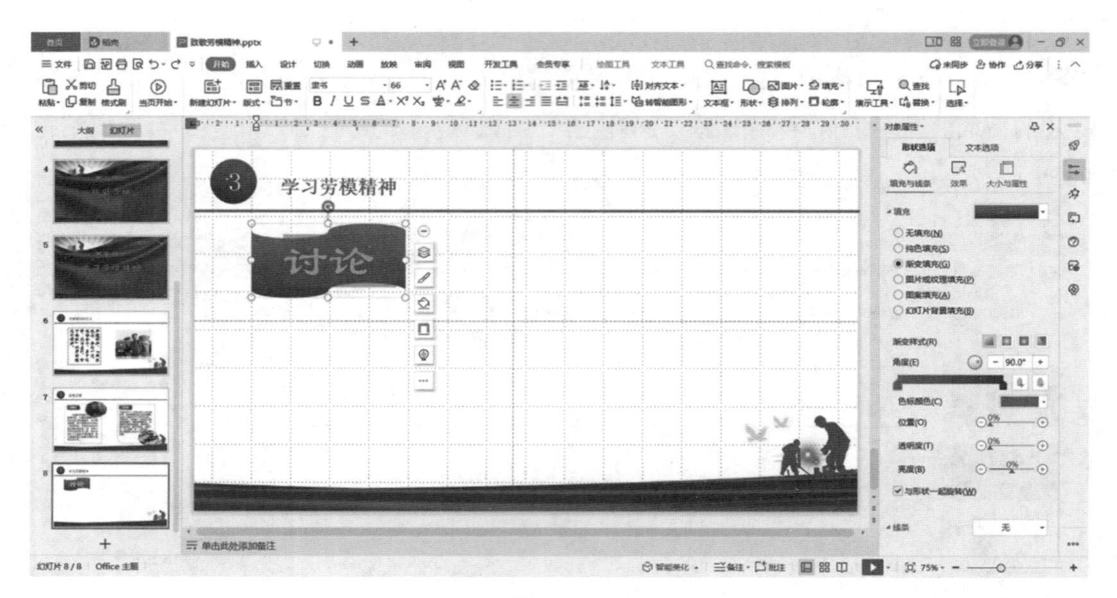

图3-100

步骤4 依次点击【插入】→【文本框】→【横向文本框】，输入文字“我们作为中职生，应该如何学习劳模精神？”，设置字体为“宋体”，字号大小设置为“48”，加粗显示，如图3-101所示。

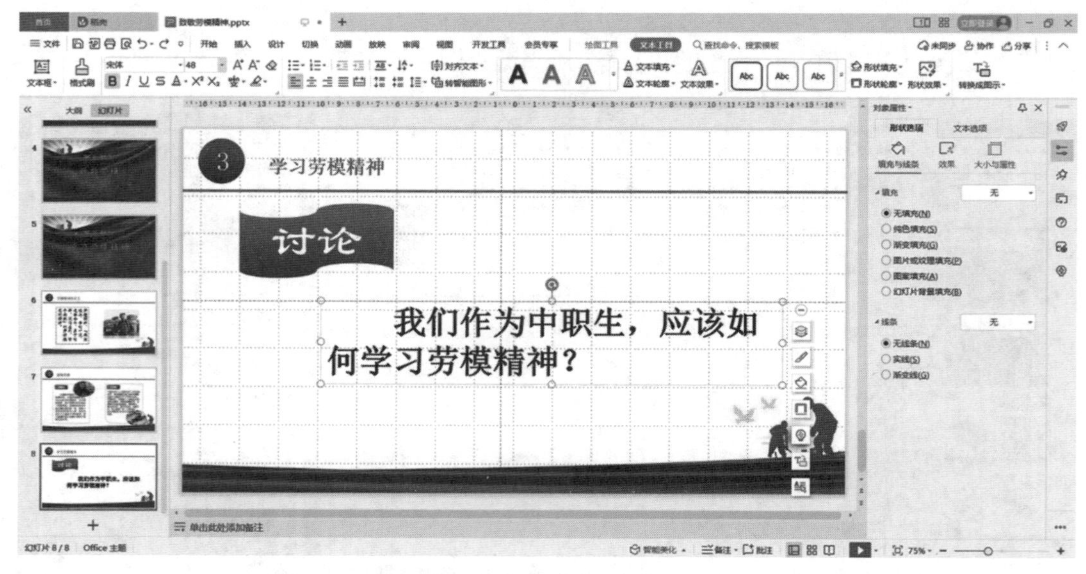

图3-101

步骤5 选中第1张内容页幻灯片（导航栏窗格中第5张幻灯片），按住鼠标左键不放，将其拖曳到导航栏窗格第3张幻灯片后面。采用同样的方法，把第2张内容页幻灯片拖曳到导航栏窗格第5张幻灯片后面，最终幻灯片的顺序如图3-102所示。

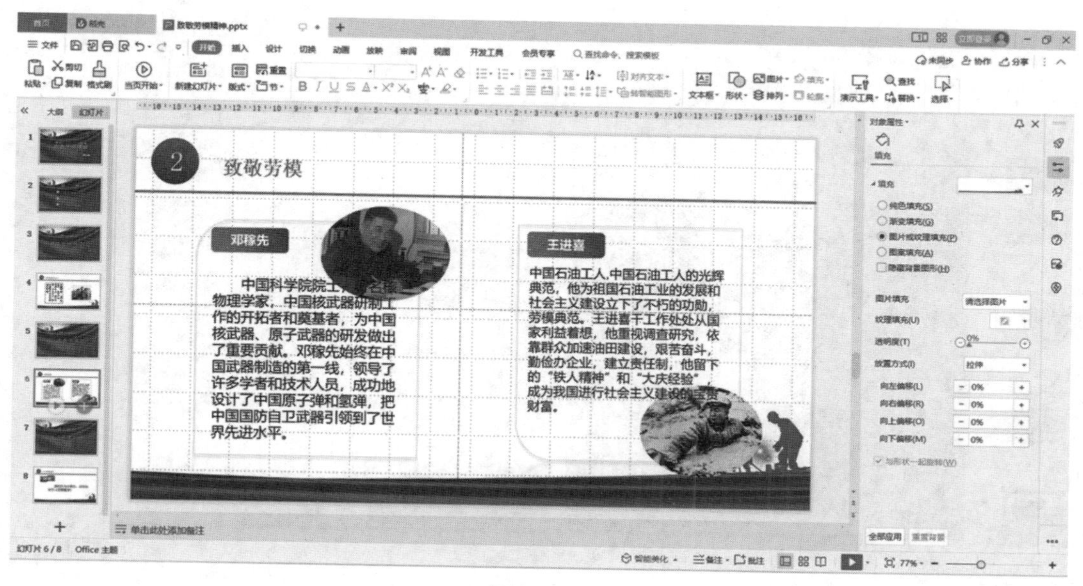

图3-102

步骤6　单击导航栏窗格中最后一张幻灯片，依次点击【开始】→【新建幻灯片】→【新建】→【母版版式】，选择标题页母版，如图3-103所示。

图3-103

步骤7　依次点击【插入】→【艺术字】，选择“填充-橙色，着色4，软边缘”，输入“谢谢观看!”，如图3-104所示。

步骤8　单击艺术字边框，设置字体为“隶书”，字号大小设置为“138”，文本填充选择“金色-暗橄榄绿渐变”，调整标题位置，如图3-105所示。

步骤9　按【Ctrl+S】快捷键保存WPS演示文档 。

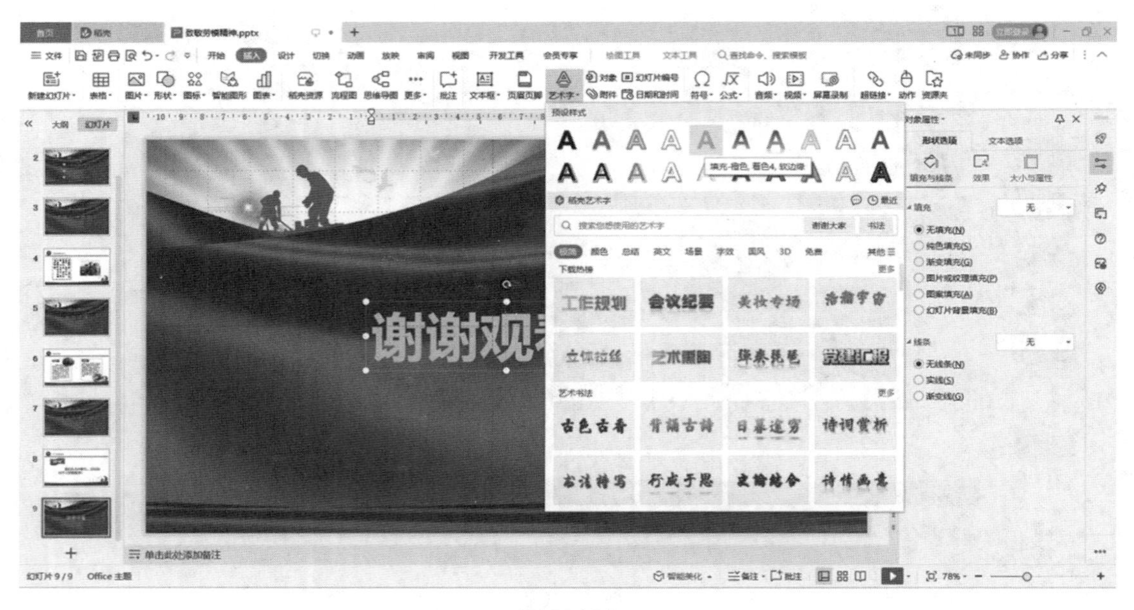

图3-104

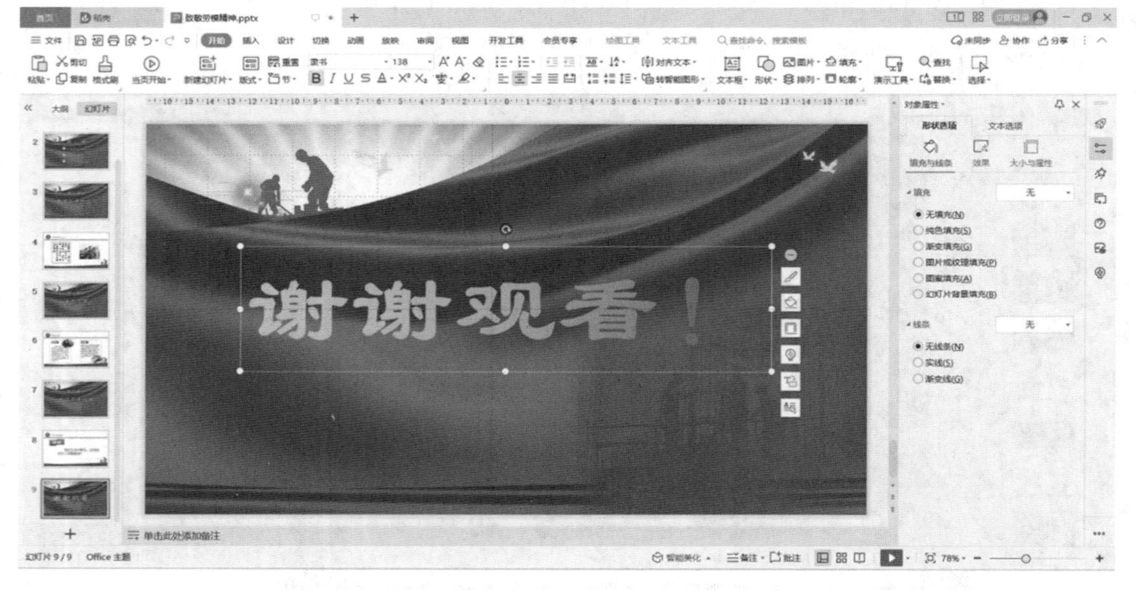

图3-105

任务八　制作动画和应用视图

制作动画和应用视图

步骤1　在导航栏窗格选中第1张幻灯片，单击标题文本框，依次点击【动画】→【飞入】，如图3-106所示。按住【Shift】键，同时选中副标题及装饰图，依次点击【动画】→【动画窗格】或在动画下拉菜单中，选择“出现”，如图3-107所示。

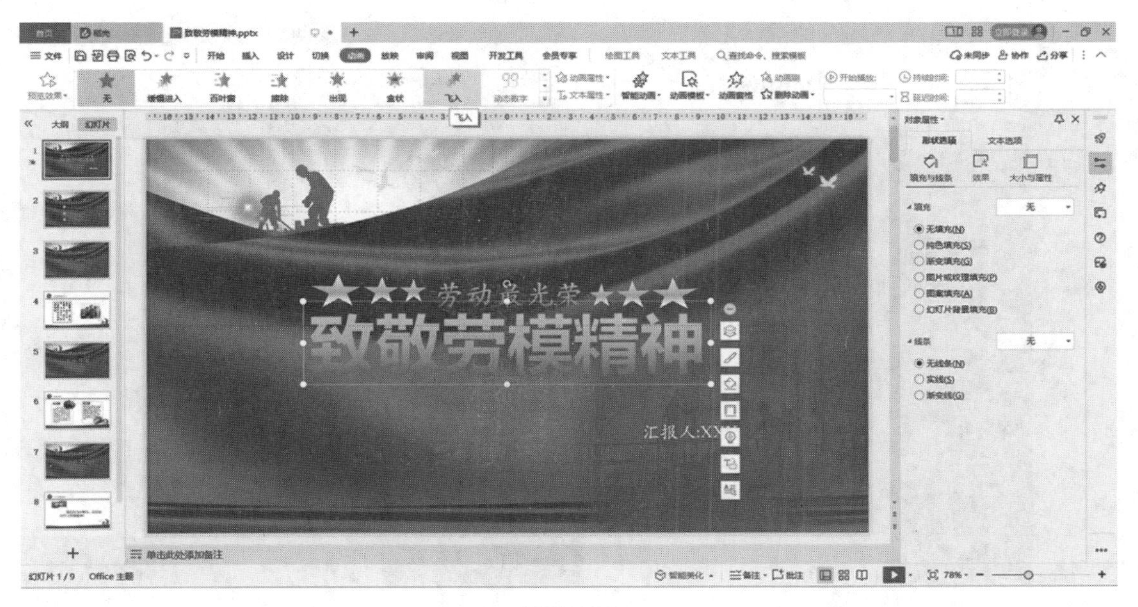

图3-106

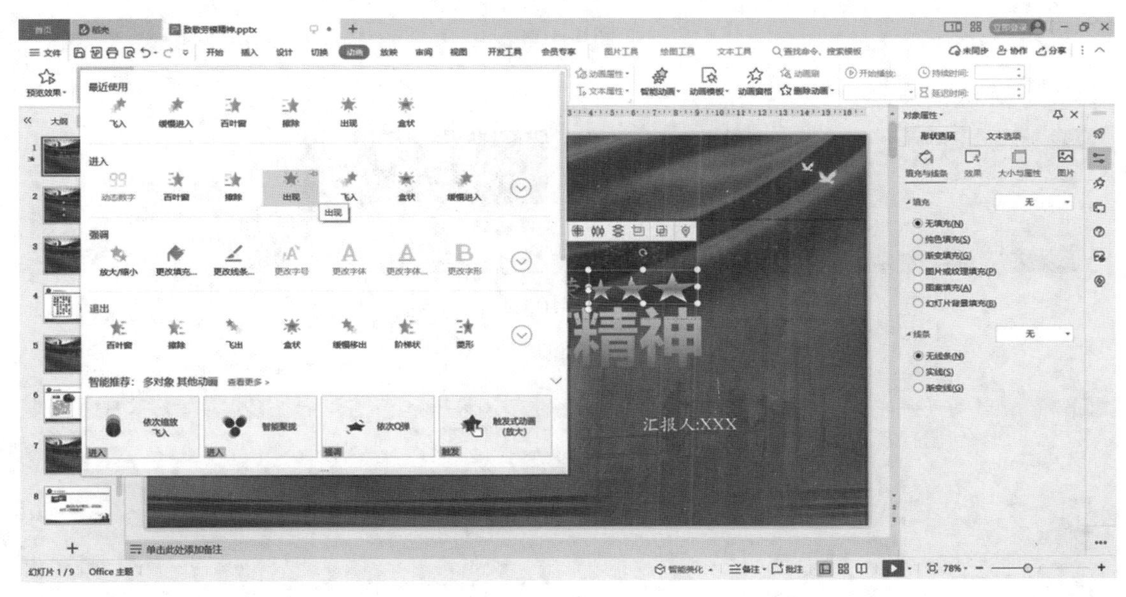

图3-107

步骤2　依次点击【动画】→【动画窗格】，在“动画窗格”面板标题动画的下拉菜单中，选择“在上一动画之后”。采用同样的步骤为副标题和装饰图设置动画效果，如图3-108所示。

步骤3　依次点击【开始】→【当页开始】或单击页面右下角【播放】按钮，如图3-109所示，检查动画播放是否有问题，然后按【Esc】键退出播放。

步骤4　选中导航栏窗格第4张幻灯片中的图片，依次点击【动画】→【动画窗格】或在动画下拉菜单中选择 “放大/缩小”，如图3-110所示；也可直接在动画窗格中依次点击【添加效果】→【放大/缩小】，如图3-111所示。在“动画窗格”面板中依次点击【尺寸】→【自定义】，设置尺寸为120%，速度选择“快速（1秒）”，如图3-112所示。

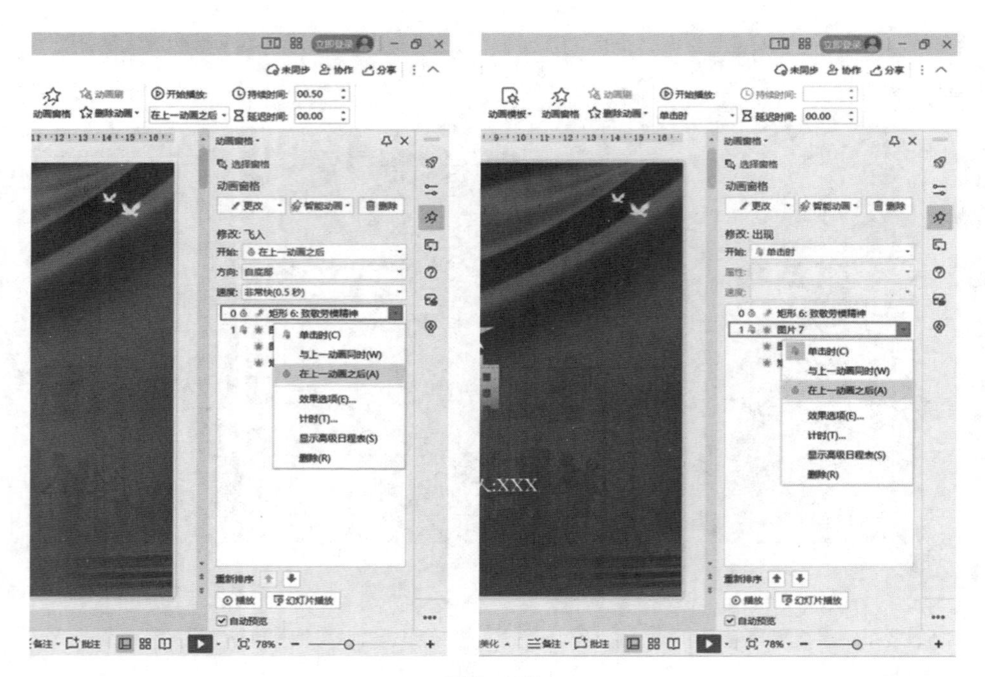

图 3-108

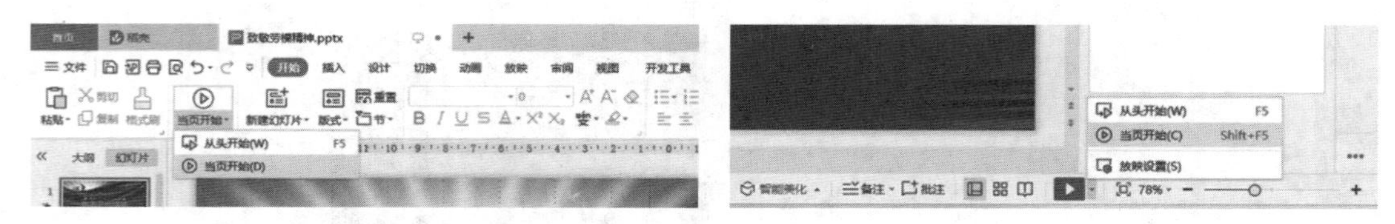

图 3-109

图 3-110

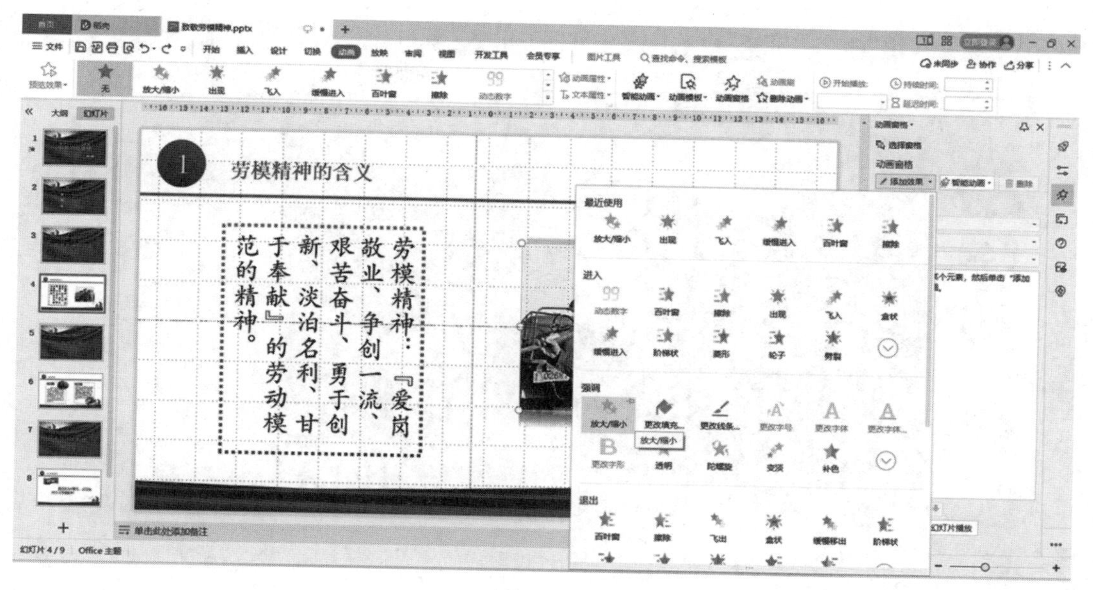

图3–111

图3–112

步骤5　选中导航栏窗格中第1张幻灯片，依次点击【切换】→【平滑】，如图3–113所示。采用同样的操作，设置第2张幻灯片的动画效果为“淡出”，按住【Shift】键，选中导航栏窗格中第3张幻灯片至最后一张幻灯片，统一设置动画效果为“形状”，如图3–114所示。单击页面右下角的【播放】按钮检查，按【Esc】键退出播放。

步骤6　依次点击【视图】→【幻灯片浏览】→【显示比例】，调节显示比例为125%，或左右拖动页面右下角视图比例滑块进行设置，检查幻灯片内容是否有误，如图3–115所示。

步骤7　依次点击【视图】→【幻灯片浏览】，滚动鼠标滚轮，检查幻灯片播放顺序是否有错，按【Esc】键退出，如图3–116所示。

步骤8　依次点击【设计】→【页面设置】，设置幻灯片大小为“全屏显示（16：9）”，单击【确定】按钮，在弹出的“页面缩放选项”对话框中选择“确保适合”，如图3–117、图3–118所示。

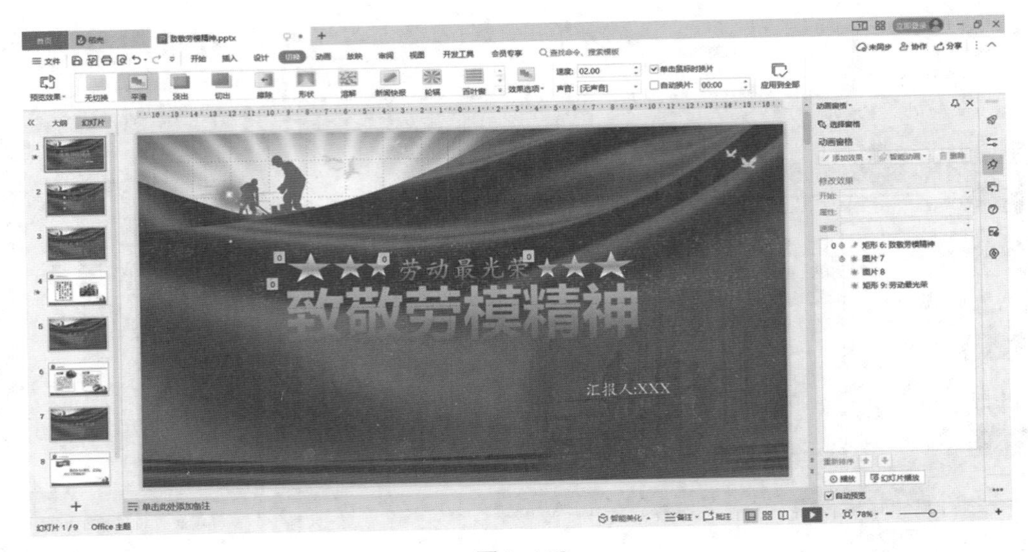

图 3–113

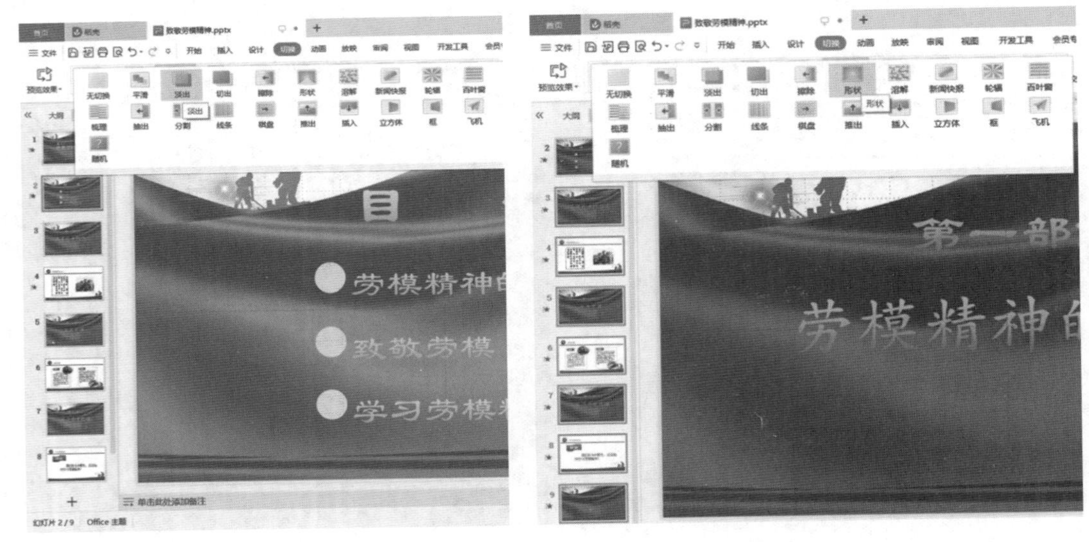

图 3–114

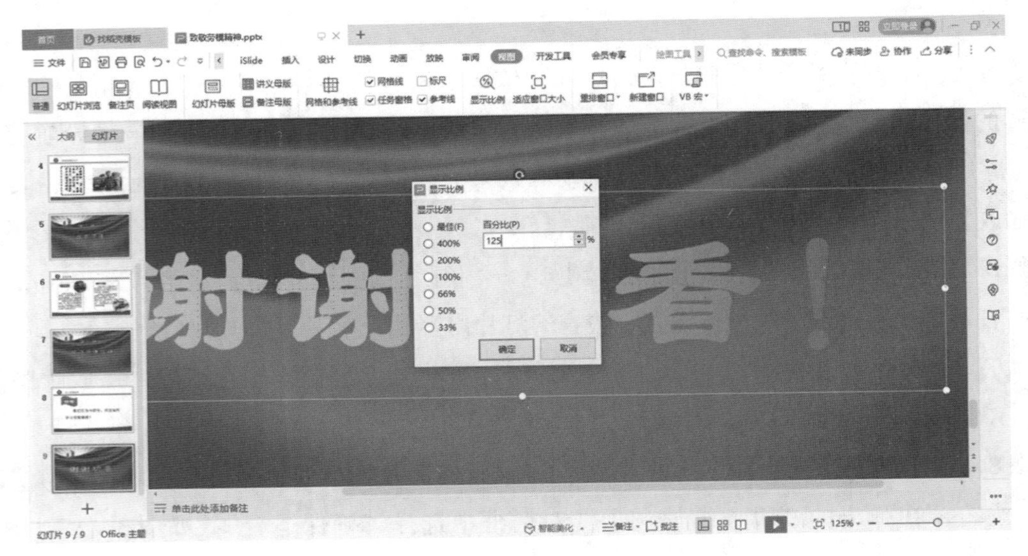

图 3–115

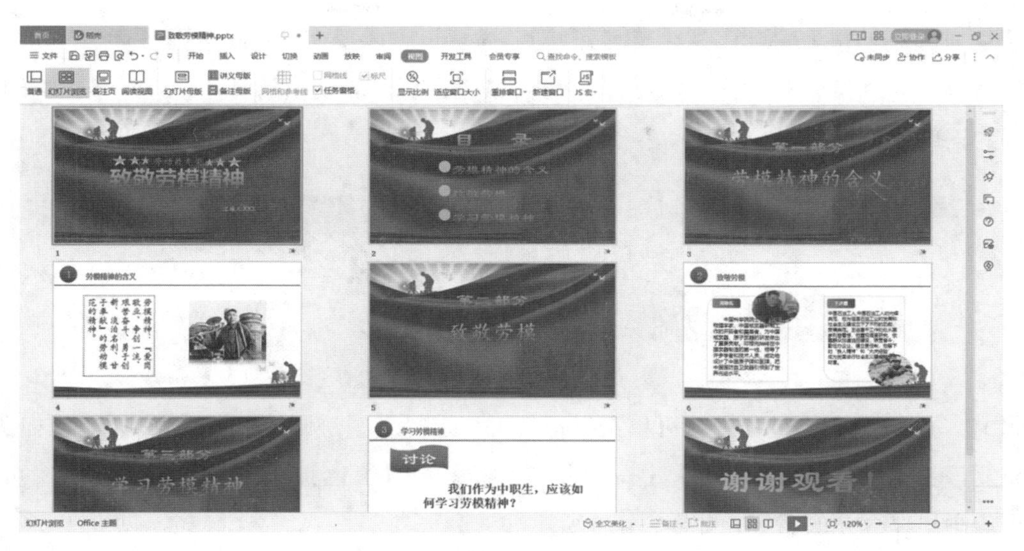

图 3–116

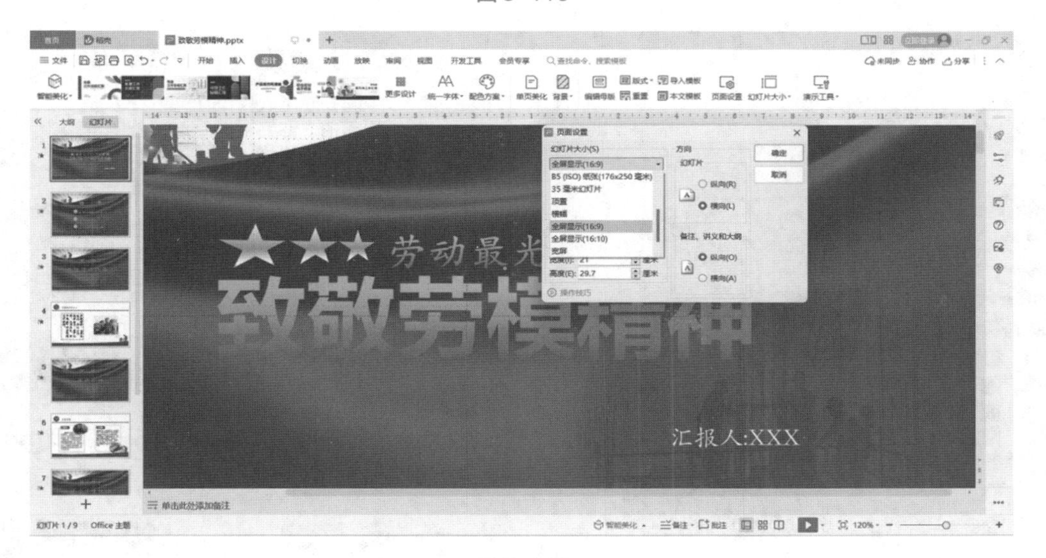

图 3–117

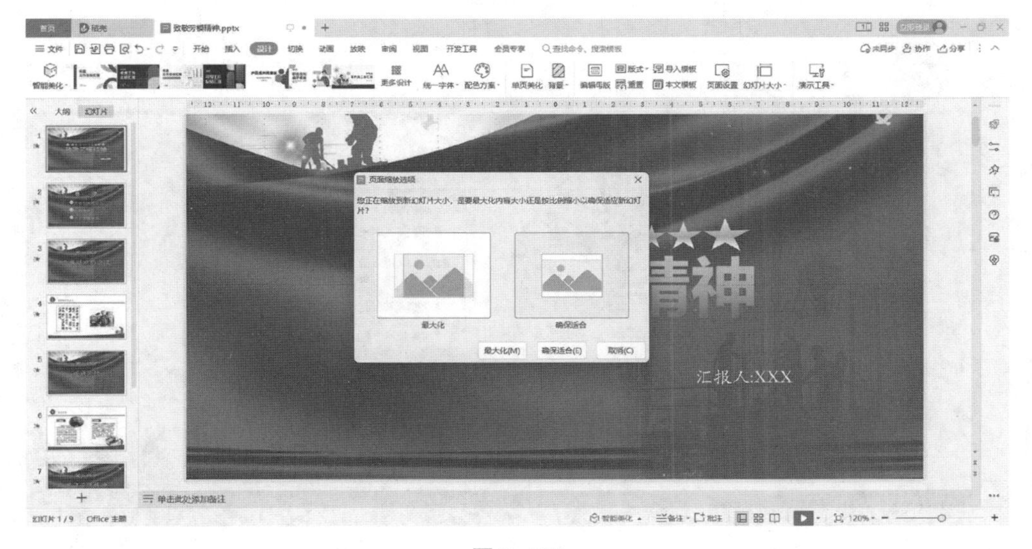

图 3–118

步骤9 依次点击【开始】→【当页开始】，选择“从头开始”，或选择页面右下角【播放】按钮下拉菜单中的“当页开始”。单击鼠标左键或滚动鼠标滚轮切换幻灯片，进一步检查幻灯片内容、顺序的正确性，如图3–119所示。

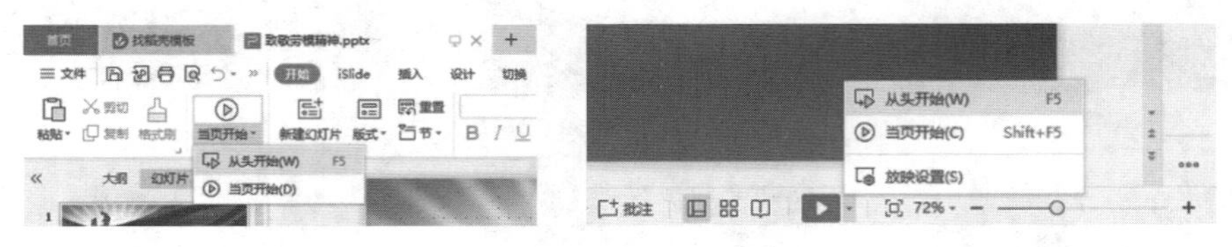

图3–119

步骤10 幻灯片播放过程中，可单击鼠标右键，选择【墨迹画笔】→【水彩笔】，如图3–120所示。重复该步骤，选择【墨迹画笔】→【墨迹颜色】→【黄色】，按住鼠标左键不放，可勾画重点，如可勾画出邓稼先的名字，如图3–121所示。

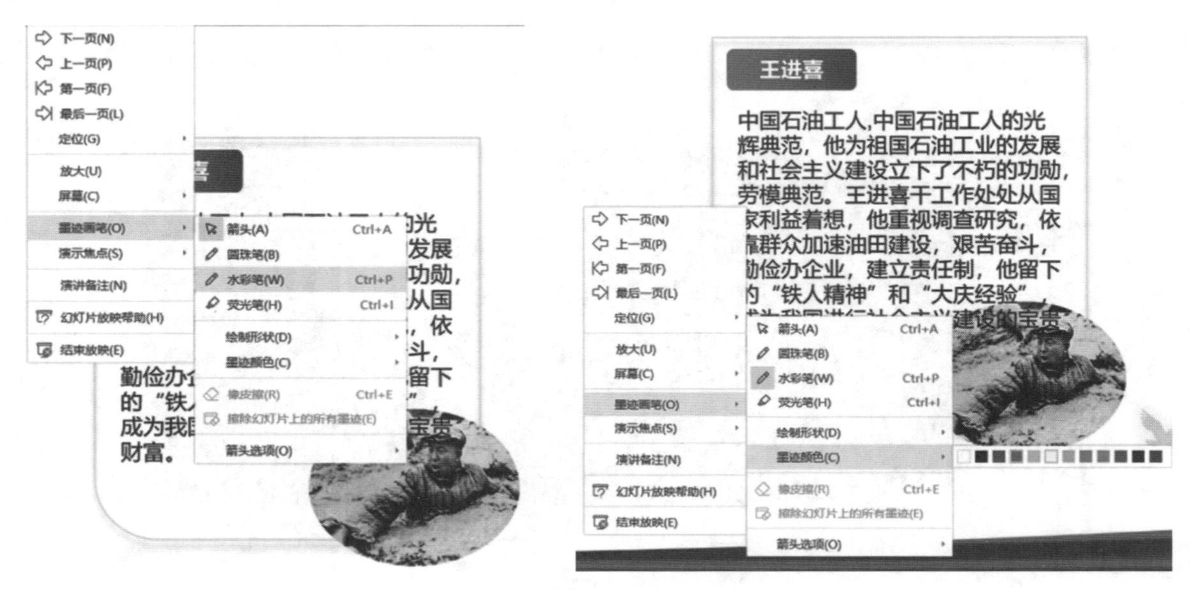

图3–120

图3–121

步骤11　幻灯片播放过程中，可单击鼠标右键，选择【墨迹画笔】→【绘制形状】→【矩形】，按住鼠标左键不放，可框出王进喜的名字，如图3-122所示。

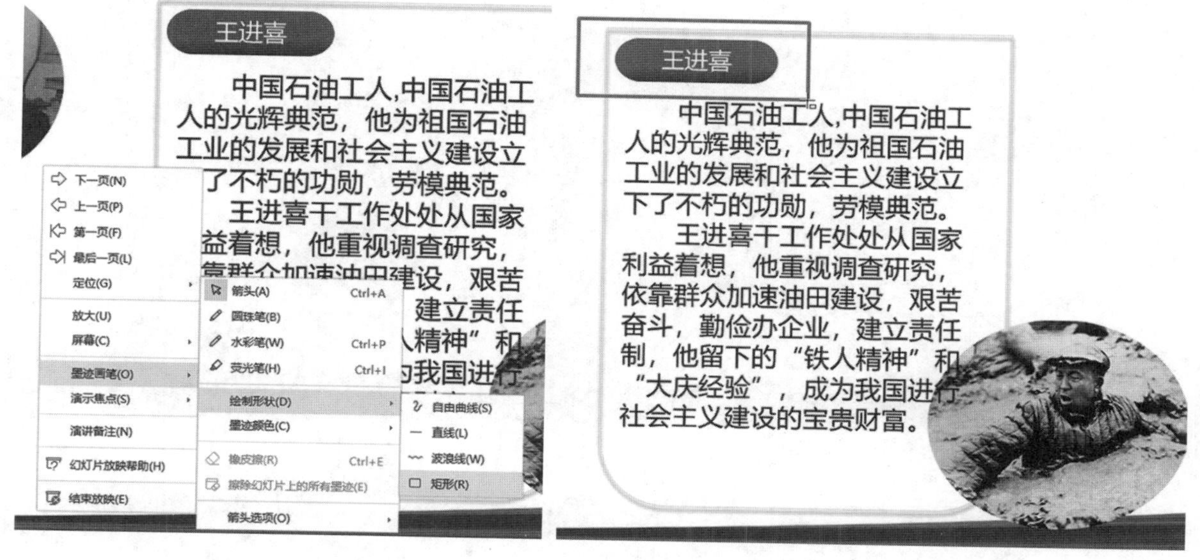

图3-122

步骤12　幻灯片播放过程中，可单击鼠标右键，选择【演示焦点】→【放大镜】，按住鼠标左键拖动“缩放”的滑块到220%，如图3-123所示。移动鼠标光标对页面局部内容进行放大显示，如图3-124所示，按【Esc】键可退出播放。

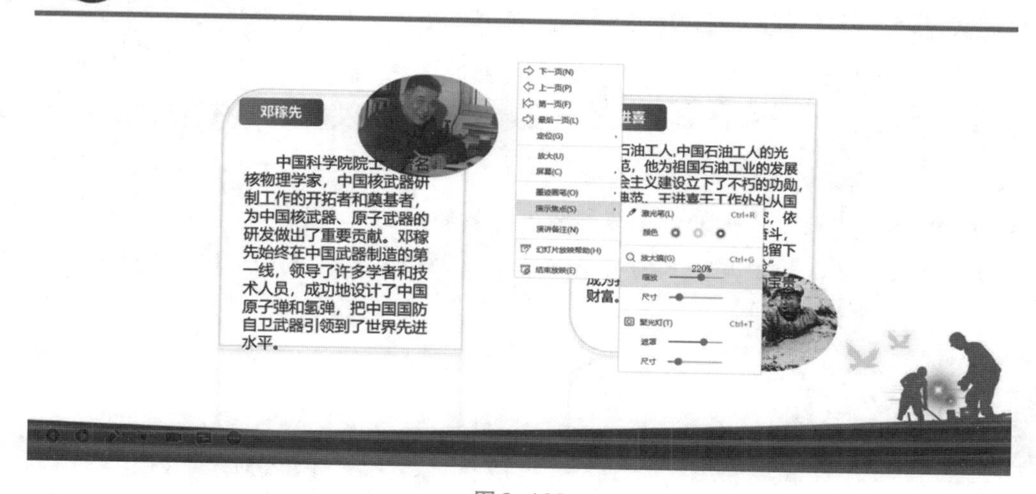

图3-123

步骤13　依次点击【放映】→【排练计时】→【排练全部】，即可对整个演示文稿进行演讲排练，如图3-125所示。

图 3-124

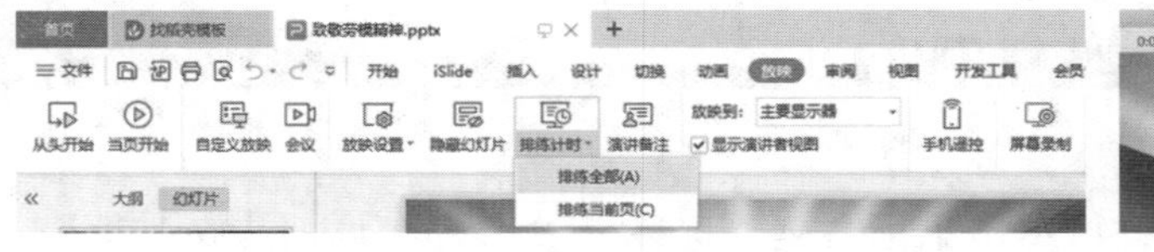

图 3-125

友情提示

一个完整的演示文稿一般包含标题页、目录页、过渡页、内容页和结尾页五部分。

可调节文本框大小和位置来调整文本的排版。选中文本框，用鼠标拖曳文本框的边缘或角落可以调整文本框大小，文本框内的文字也会随之改变。实际操作时，可根据预期效果拖动文本框边缘。

在WPS演示文稿中，可根据叠放层次的需求，选择“上移一层”或“下移一层”来调整元素的层次。若需更改已插入的图片，只需要选中待更改的图片，单击鼠标右键，选择“更改图片”即可。

参考文献

[1] 黄春风，赵盼盼 . WPS Office办公软件应用标准教程[M]. 北京：清华大学出版社，2021.

[2] 罗亮 . WPS Office从入门到精通[M]. 北京：电子工业出版社，2022.

[3] 精英资讯 .WPS Office 高效办公从入门到精通[M]. 北京：中国水利水电出版社，2023.

[4] 李修云，尤淑辉 . WPS Office办公应用基础教程[M]. 北京：北京大学出版社，2023.

[5] 曾焱 . word excel ppt办公应用从入门到精通[M]. 广州：广东人民出版社，2019.

[6] 何国辉 . WPS Office高效办公应用与技巧大全[M]. 北京：中国水利水电出版社，2019.

[7] 陈锡卢 . Excel高手速成视频教程[M]. 北京：中国水利水电出版社，2020.

[8] 韩小良 . Excel 函数和动态图表[M]. 北京：中国水利水电出版社，2019.

[9] 陈魁 . 好 PPT 坏 PPT[M]. 北京：中国水利水电出版社，2019.

[10] 张卓 . Word其实不简单，这样用就“对”了[M]. 北京：中国水利水电出版社，2019.

[11] 李丽丽 . Excel 高效办公应用与技巧[M]. 哈尔滨：黑龙江科学技术出版社，2022.